100 DETAILS OF
ARCHITECTURAL
STRUCTURE DESIGN

建筑构造设计必知的
100 个节点

吴放　高向鹏　编著

江苏凤凰科学技术出版社
南京

图书在版编目（CIP）数据

建筑构造设计必知的100个节点 / 吴放，高向鹏编著
. — 南京：江苏凤凰科学技术出版社， 2020.5
ISBN 978-7-5713-0678-6

Ⅰ．①建⋯ Ⅱ．①吴⋯ ②高⋯ Ⅲ．①建筑构造－建
筑设计 Ⅳ．①TU22

中国版本图书馆CIP数据核字(2019)第277606号

建筑构造设计必知的100个节点

编　　　著	吴　放　高向鹏
项 目 策 划	凤凰空间 / 杨　琦
责 任 编 辑	赵　研　刘屹立
特 约 编 辑	杨　琦

出 版 发 行	江苏凤凰科学技术出版社
出版社地址	南京市湖南路1号A楼，邮编：210009
出版社网址	http://www.pspress.cn
总 经 销	天津凤凰空间文化传媒有限公司
总经销网址	http://www.ifengspace.cn
印　　刷	固安县京平诚乾印刷有限公司

开　　本	787 mm×1092 mm　1 / 16
印　　张	16
字　　数	150 000
版　　次	2020年5月第1版
印　　次	2020年5月第1次印刷

标 准 书 号	ISBN 978-7-5713-0678-6
定　　价	128.00元

图书如有印装质量问题，可随时向销售部调换（电话：022－87893668）。

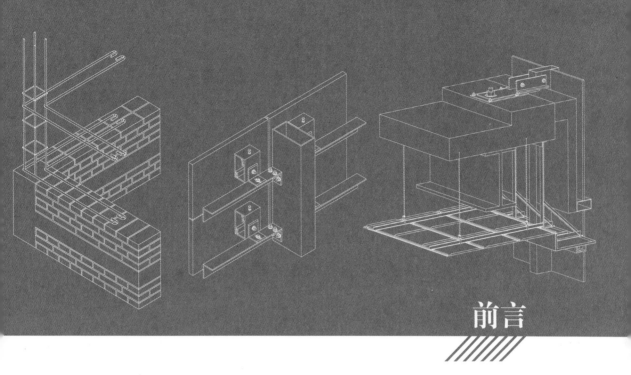

前言

    建筑构造设计是一项技术含量很高的工作，在我国经济正在由速度优先向高质量发展转型的大背景之下，受到越来越广泛的重视。建筑构造设计是实现建筑方案创作意图的关键环节，同时也是指导建筑专业施工的重要依据。建筑构造设计既是对过去建筑经验的总结和应用，也是材料、技术、构造创新的实践。《建筑构造设计必知的100个节点》一书将最基本的建筑构造节点做法通过三维图示直观地表达出来，希望能够帮助刚刚接触建筑施工图设计的建筑师快速理解建筑构造设计的基本知识。希望建筑师们一方面可以将此书内容直接应用于建筑专业施工图设计，另一方面能够以此为基础开展建筑构造设计的创新。

    建筑项目的建设是百年大计，好的建筑能够给使用者提供高品质的生活空间及愉悦的精神体验，而建设缺陷也会伴随建筑的一生（几十年甚至上百年），给使用者带来长久的烦恼。例如，建筑构造节点设计缺陷可能会带来漏水、结露、开裂、沉降等功能问题，其中一些问题在使用过程中进行维修的代价很大，甚至会造成重大的经济损失。建筑师不仅要重视建筑方案创作，也应该特别重视建筑构造节点设计。完善的建筑构造节点设计也将成为精湛技艺的体现甚至成为艺术。

    建筑设计行业的发展需要每一位建筑师在各个方面付出努力。希望本书能够引起建筑师对于建筑构造设计的关注，不断对其进行深入研究，在传承和创新方面下大气力，促进建筑设计行业全面健康发展。

2019 年 10 月

目录
CONTENTS

1

墙体细部构造节点

1.1　砖砌体墙细部构造节点

 门窗过梁构造节点

 窗台防水构造节点

 散水构造节点

1.2　隔墙

 砖隔墙构造节点

 构造柱做法

 板材隔墙构造节点

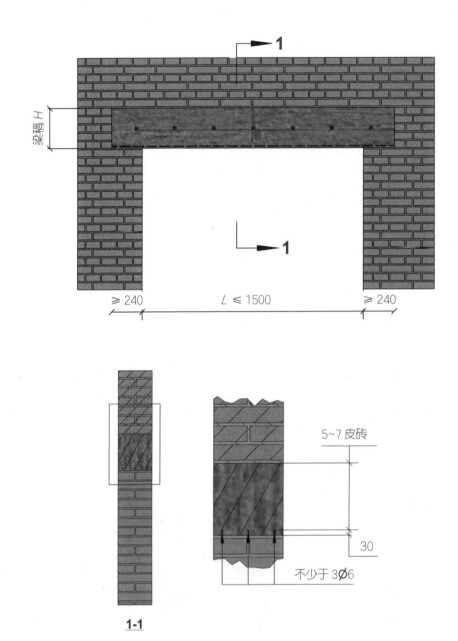

1.1

砖砌体墙细部构造节点

梁稿 H

≥ 240 　　 L ≤ 1500 　　 ≥ 240

5~7 皮砖

30

不少于 3∅6

1-1

▲说明：

1. 对有较大震动荷载或可能产生不均匀沉降的房屋，应采用混凝土过梁。当过梁的跨度不大于 1.5m 时，可采用钢筋砖过梁；不大于 1.2m 时，可采用砖砌平拱过梁。对有较大振动荷载或可能产生不均匀沉降的房屋，应采用钢筋混凝土过梁。钢筋砖过梁底面砂浆层处的钢筋，其直径不应小于 5mm，间距不宜大于 120mm，钢筋伸入支座砌体内的长度不宜小于 240mm，砂浆层的厚度不宜小于 30mm。

2. 本书中的尺寸单位除注明者外，均为毫米。

现浇钢筋混凝土过梁节点

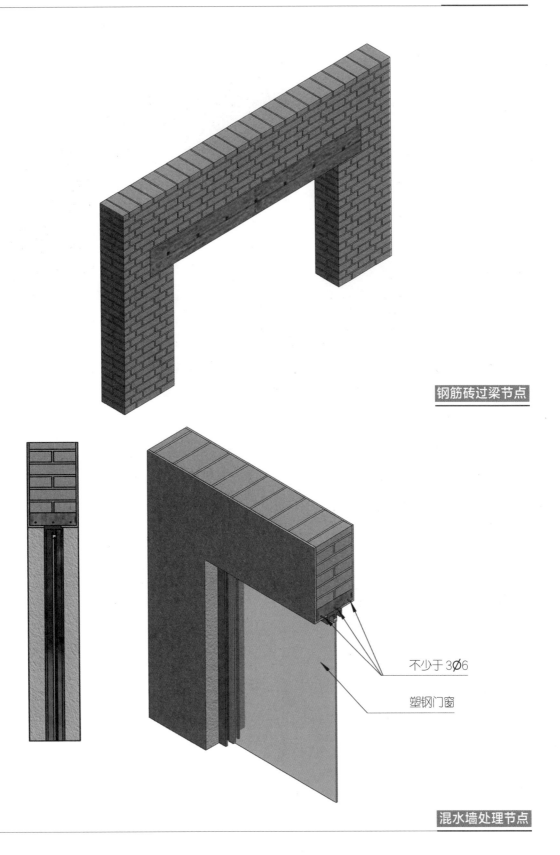

钢筋砖过梁节点

不少于3ϕ6

塑钢门窗

混水墙处理节点

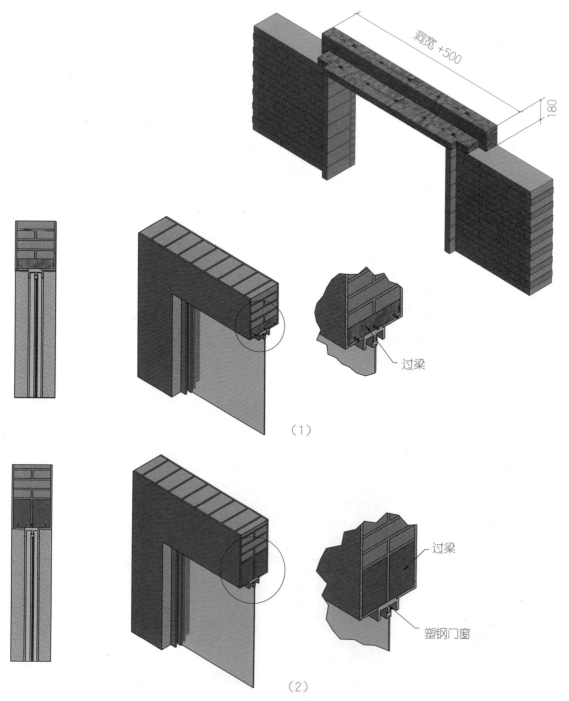

（1）

（2）

▲说明：

1. 钢筋混凝土过梁承载能力强，可用于较宽的门窗和洞口，对房屋不均匀沉降或震动有一定的适应性，应用较广泛。

2. 钢筋混凝土过梁断面尺寸主要根据跨度、上部荷载的大小计算确定，常见梁高为 60mm、90mm、120mm、180mm、270mm 等。过梁两端伸入墙内长度不应小于 240mm。

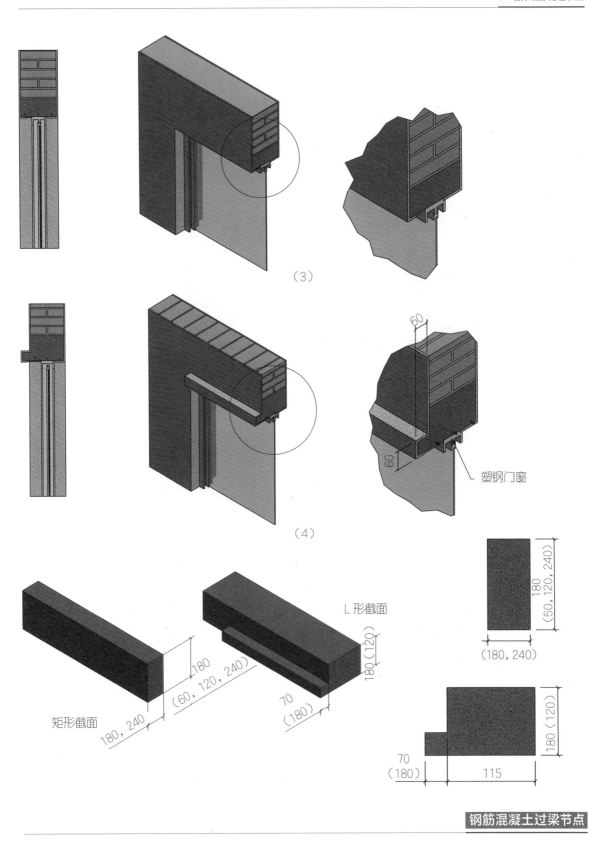

（3）

（4）

塑钢门窗

L 形截面

矩形截面

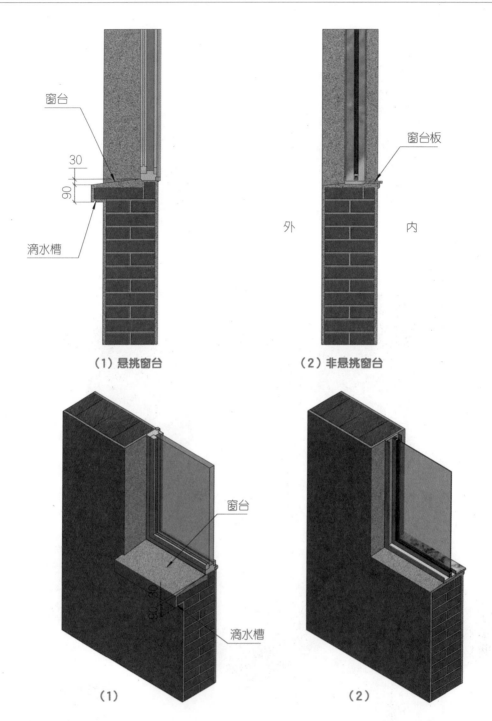

（1）悬挑窗台 （2）非悬挑窗台

（1） （2）

▲说明：在建筑工程中，为了阻止水由竖向墙面流到底侧墙面而设计的沿结构下部周围布置的凹槽，叫作滴水线（也叫滴水槽）。一般设置在雨篷、窗口、楼梯踏步下、阳台、女儿墙压顶和突出外墙的腰线等部位。一般是在底面与外墙面交接的地方，距拐角 1~2cm 处，做一条 1cm 左右宽的凹槽，这样水就被隔断而不会向内流了。

窗台防水构造节点

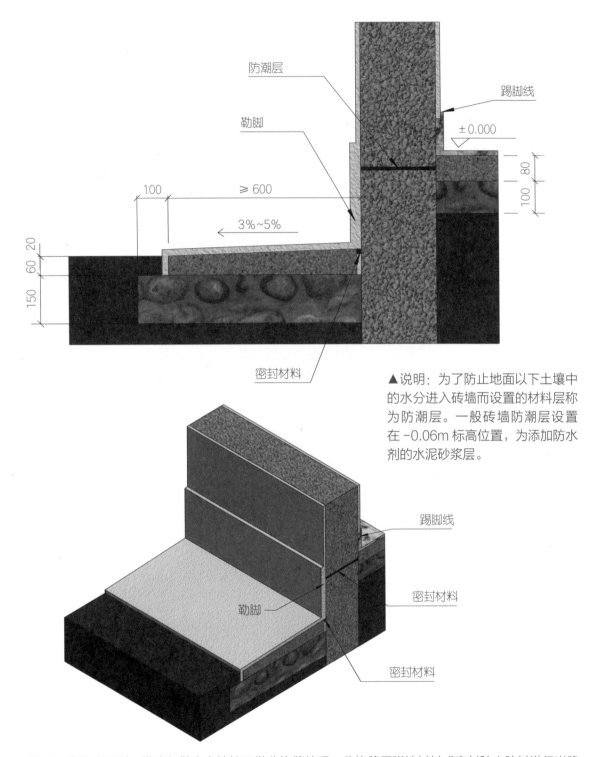

防潮层

踢脚线

勒脚

± 0.000

100

≥ 600

3%~5%

80

100

20

60

150

密封材料

▲ 说明：为了防止地面以下土壤中的水分进入砖墙而设置的材料层称为防潮层。一般砖墙防潮层设置在 −0.06m 标高位置，为添加防水剂的水泥砂浆层。

踢脚线

密封材料

勒脚

密封材料

▲ 说明：为防止开裂，勒脚与散水交接处可做分格缝处理。分格缝用弹性材料或密封防水胶料进行嵌缝处理。常用的散水面层材料有细石混凝土、卵石、块石、水泥砂浆等，垫层一般在素土夯实上铺三合土或混凝土。

散水结构节点

1.2
隔墙

梁或板　　　　　　斜砖逐块敲紧砌实
填满砂浆

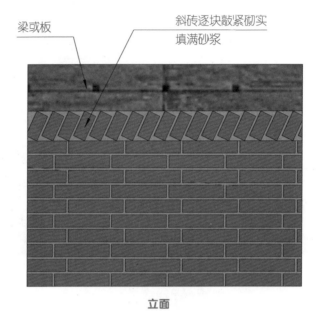

立面

梁或板

每隔 1m 用木楔对口
填砂浆打紧空隙

木楔处理剖面

▲说明：隔墙砌到梁或板底时，砖应采用斜砌，或留出 30mm 空隙，每 1000mm 用木楔塞牢。

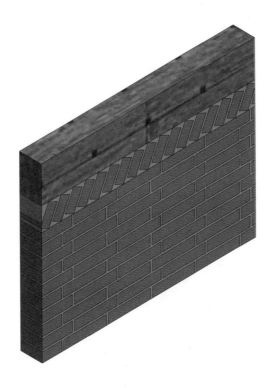

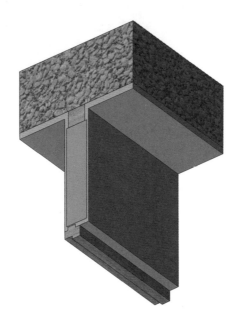

砖隔墙与梁板相接节点

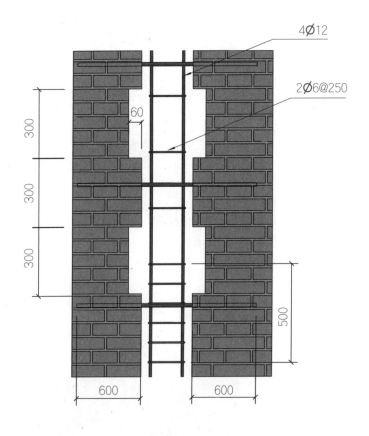

（1）墙体构造柱做法

▲ 说明：砖墙与构造柱的连接处应砌筑为马牙槎，每个马牙槎高度不宜大于 300mm，并应沿墙每 500mm 在构造柱中设置 2∅6 钢筋，水平拉结，每边伸入墙内不少于 1m。钢筋伸入隔墙长度不应小于 500mm。施工时应先砌墙，并在墙体内每 5 皮砖预留一块凸槎，伸出墙面 60mm，随墙体上升而逐层现浇钢筋混凝土柱身。

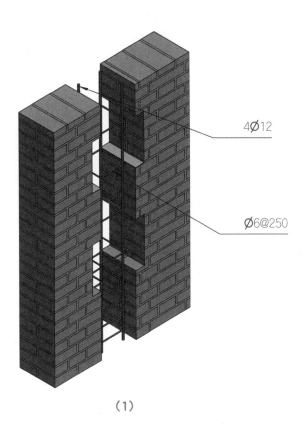

4Ø12

Ø6@250

（1）

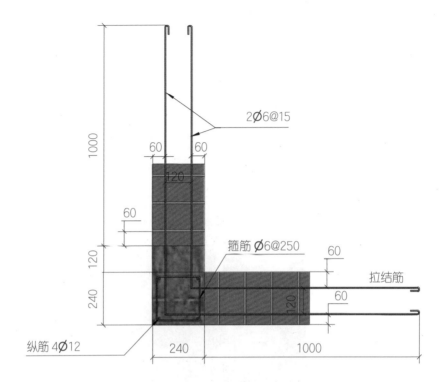

（2）拐角构造柱做法

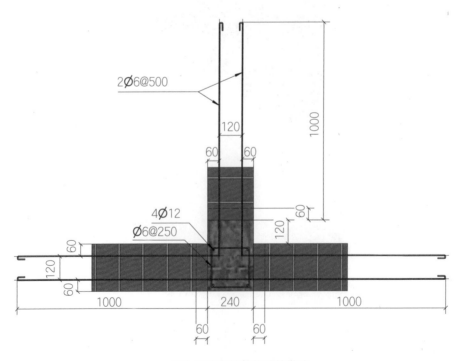

（3）丁字角墙体构造柱做法

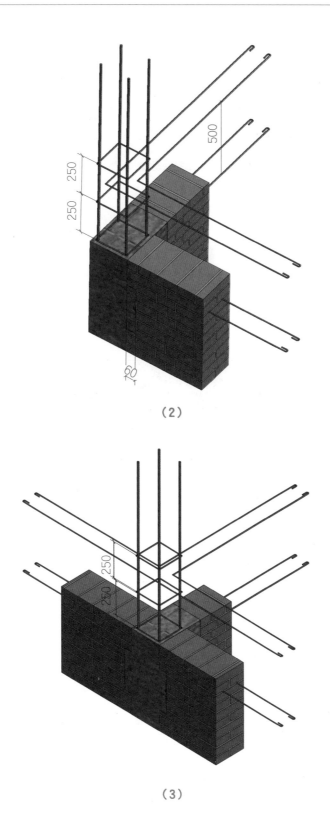

（2）

（3）

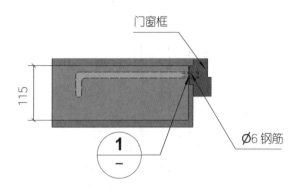

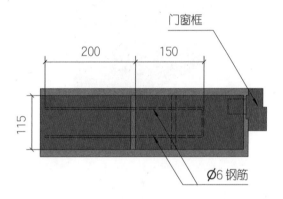

▲说明：无论是砖混结构还是框架结构，在砌筑门窗洞口两侧时都要砌入混凝土砌块（若是木门就砌入木砖，要用沥青做防腐）。砖混混凝土砌块尺寸同黏土实心砖尺寸一致，框架填充墙混凝土砌块一般为190mm×90mm×90mm。混凝土砌块强度等级为C20。

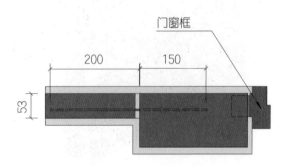

▲说明：每隔 12~16 皮砖预埋 1~2 根 Ø6 钢筋。

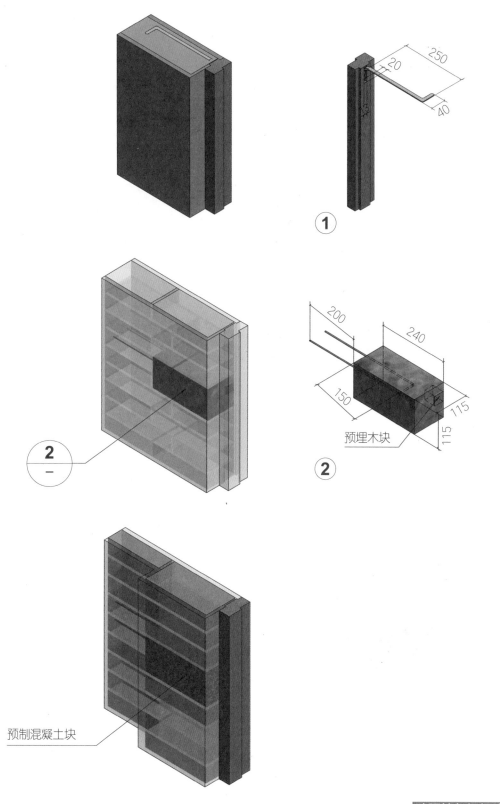

250

20

3

40

200

240

150

115

115

预埋木块

②
—

②

②

预制混凝土块

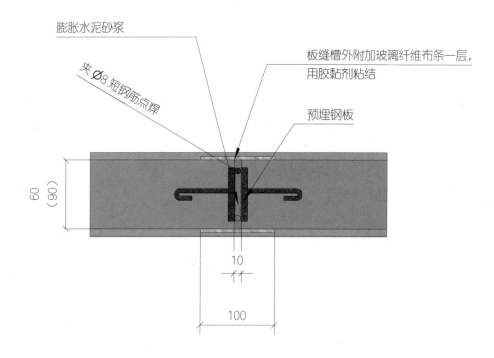

膨胀水泥砂浆

板缝槽外附加玻璃纤维布条一层，用胶黏剂粘结

夹 Ø8 短钢筋点焊

预埋钢板

60 (90)

10

100

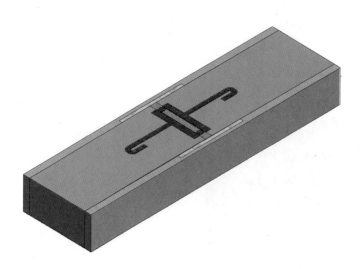

▲说明：钢筋陶粒混凝土轻质墙板是以通用硅酸盐水泥、砂、硅砂粉、陶粒、陶砂、外加剂和水等配置的轻骨料混凝土为基料，内置钢网架，经浇筑成型、养护（蒸养、蒸压）而制成的轻质条形墙板。

陶粒条板一字连接节点

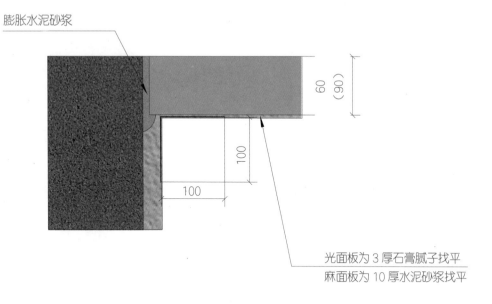

膨胀水泥砂浆

60（90）

100

100

光面板为 3 厚石膏腻子找平
麻面板为 10 厚水泥砂浆找平

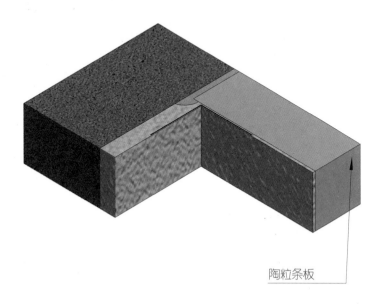

陶粒条板

陶粒条板与墙连接节点

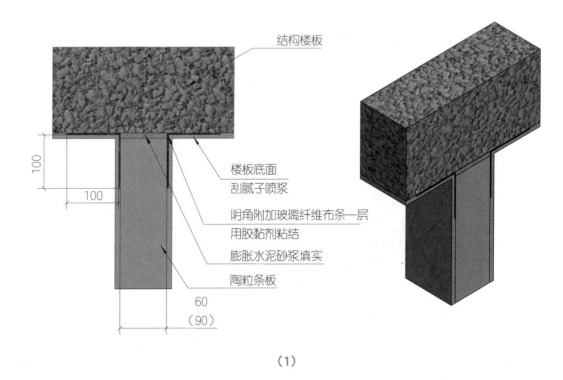

结构楼板

楼板底面
刮腻子喷浆

阴角附加玻璃纤维布条一层
用胶黏剂粘结

膨胀水泥砂浆填实

陶粒条板

100

100

60
（90）

（1）

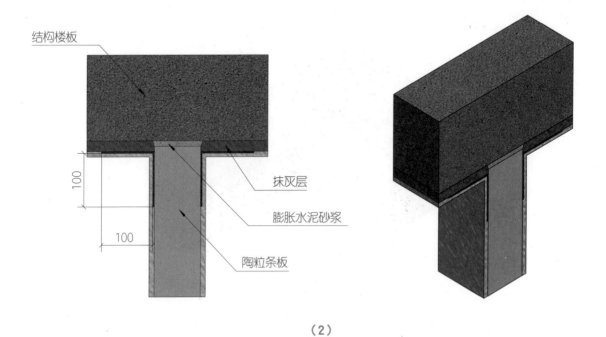

结构楼板

抹灰层

膨胀水泥砂浆

陶粒条板

100

100

（2）

陶粒条板与楼板底面连接节点

2

楼板、阳台与雨篷构造节点

2.1 钢筋混凝土楼板构造节点

 梁板式楼板构造节点

 井字形楼盖构造节点

 现浇密肋楼板构造节点

 无梁楼板构造节点

 现浇钢筋混凝土空心楼板
构造节点

2.2 雨篷及阳台构造节点

 雨篷构造节点

 阳台栏杆与扶手构造节点

 扶手与墙体的连接节点

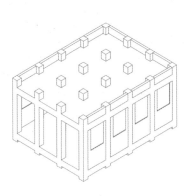

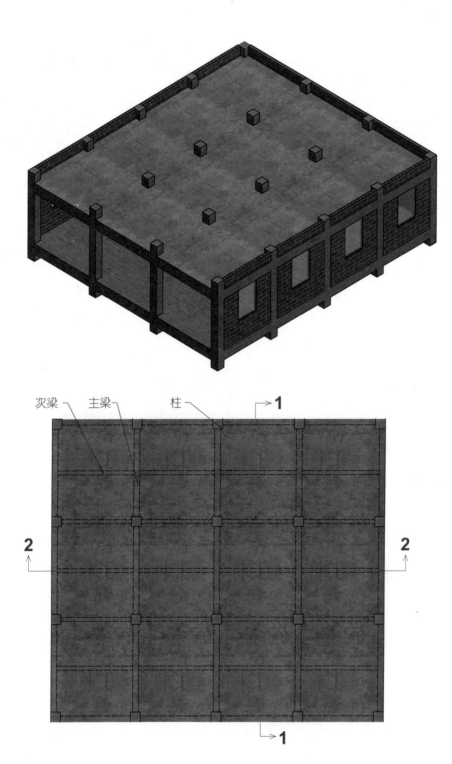

2.1
钢筋混凝土楼板构造节点

次梁　　主梁　　柱　　1

2　　　　　　　　　　　　2

1

▲说明：跨度较大的房间，为使楼板的受力与传力较为合理，应在楼板下设梁以减小楼板的跨度和厚度。

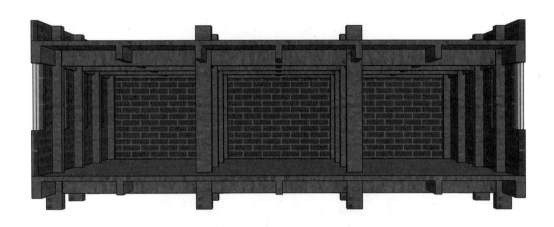

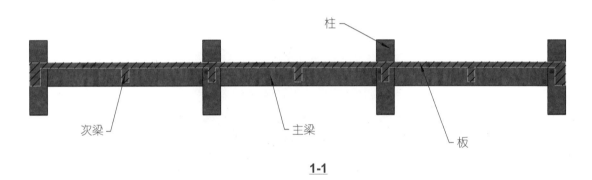

1-1

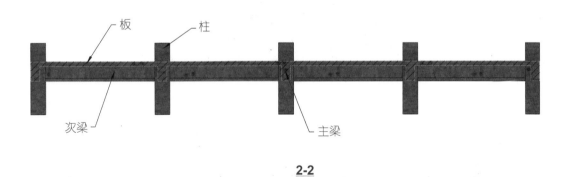

2-2

▲说明：梁板式楼板由板和梁组成，通常在纵横两个方向都设置梁，有主梁和次梁之分。适用于较大开间的房间。

梁板式楼板构造节点

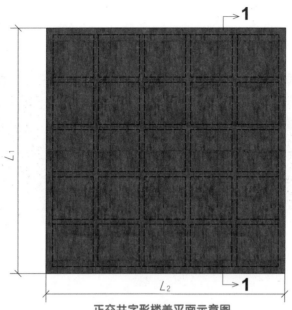

正交井字形楼盖平面示意图

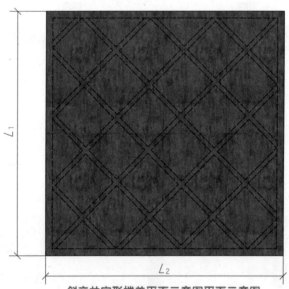

斜交井字形楼盖平面示意图平面示意图

1-1

正交井字形楼盖剖面示意图

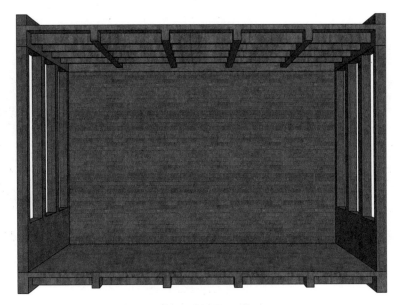

正交井字形楼盖透视图

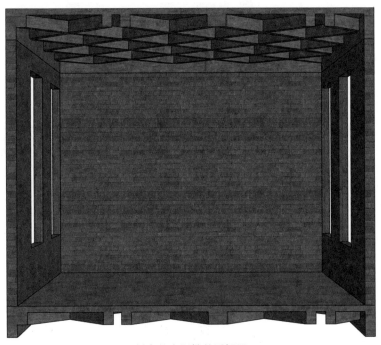

斜交井字形楼盖透视图

▲说明：井式楼盖由肋梁楼盖演变而成，是肋梁楼盖结构的一种。其主要特点是两个方向梁的高度相等，而且同位相交。井式楼盖天花美观。梁布置成井字形，两个方向的梁不分主梁和次梁，共同直接承受板传来的荷载，板为双向板。

井字形楼盖构造节点

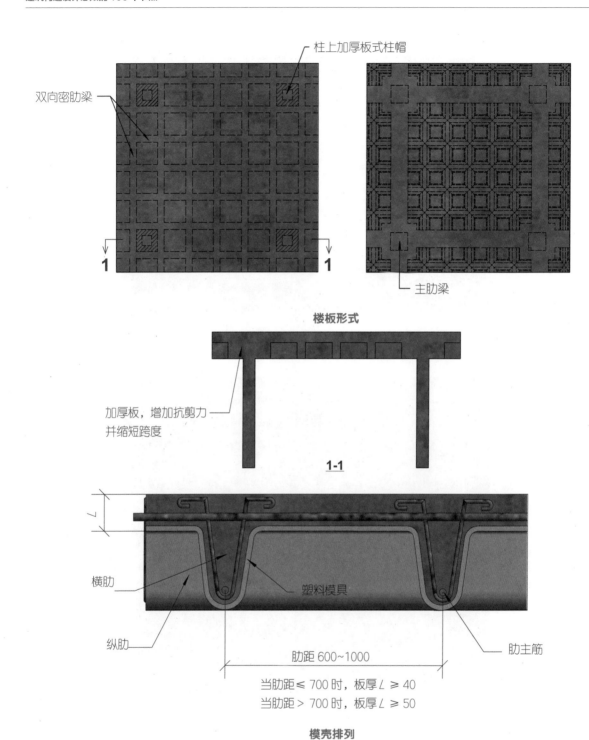

柱上加厚板式柱帽

双向密肋梁

主肋梁

楼板形式

加厚板，增加抗剪力
并缩短跨度

1-1

横肋

塑料模具

纵肋

肋主筋

肋距 600~1000

当肋距≤ 700 时，板厚 L ≥ 40
当肋距> 700 时，板厚 L ≥ 50

模壳排列

▲说明：双向密肋楼板要求房间接近方形（长宽比小于或等于 1.5），一般肋高为 180~500mm，肋距为 600mm×600mm~1000mm×1000mm，楼板适用跨度为 6~18m，肋高为跨度的 1/30~1/20。

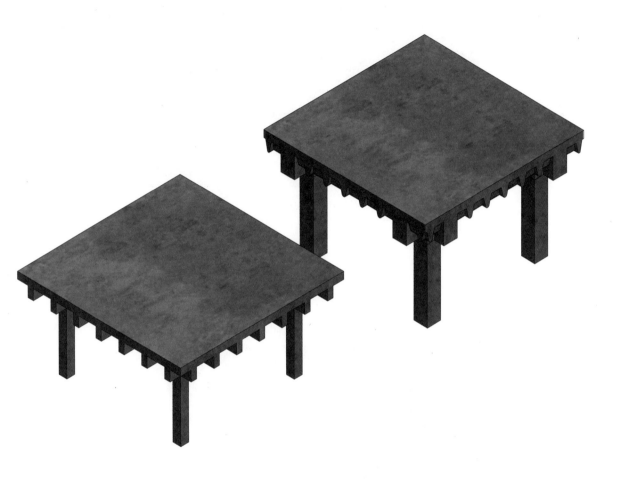

▲说明：密肋楼盖由薄板和间距较小的肋梁组成，分单向密肋楼盖和双向密肋楼盖两种。这种楼板体系适用于跨度和荷载较大的、大空间的多层和高层建筑，如商业楼、办公楼、图书馆、展览馆、教学楼、研究楼、学校、车站、候机楼等大中型公共建筑，也适用于多层工业厂房、仓库、车库以及地下人防工程和地下车库工程，同时还适用于大空间的单层民用和工业建筑的屋盖，其适用范围较为广泛。

双向密肋楼板构造节点

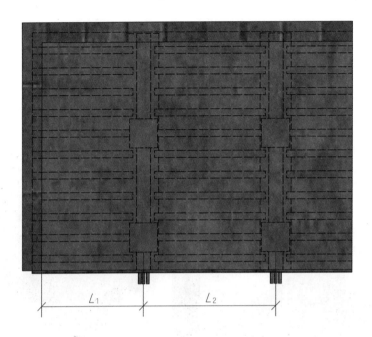

肋间配筋为 L∅4 ~ L∅6 时，每米不少于 3∅4 ~ 3∅6

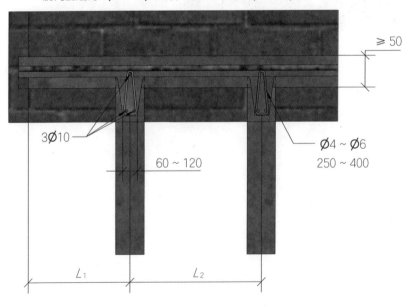

≥ 50

3∅10

∅4 ~ ∅6
250 ~ 400

60 ~ 120

L_1　　L_2

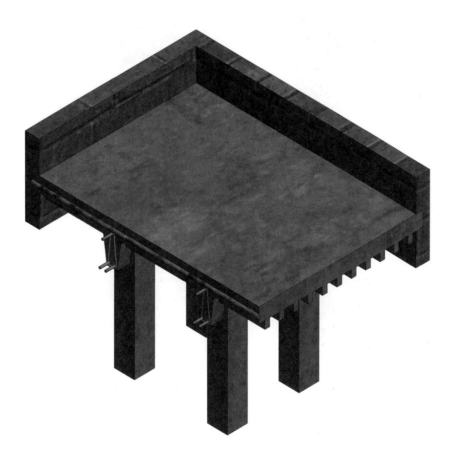

现浇单向密肋楼板构造节点

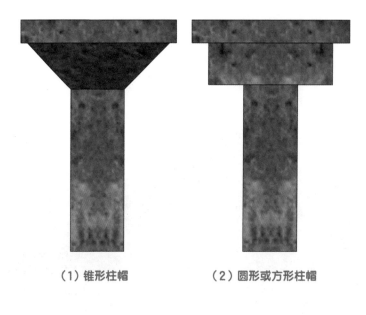

（1）锥形柱帽　　　　　　（2）圆形或方形柱帽

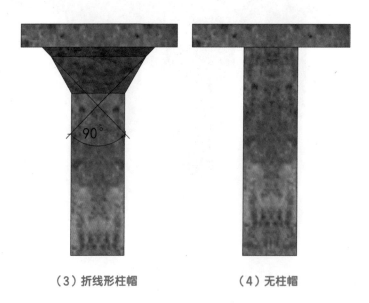

（3）折线形柱帽　　　　　　（4）无柱帽

▲说明：无梁楼板是一种双向受力的板柱结构，即在楼板跨中设置柱子来减小板跨，不设梁，楼板直接支承在柱上。柱与楼板连接处的柱顶构造分为有柱帽和无柱帽两种。

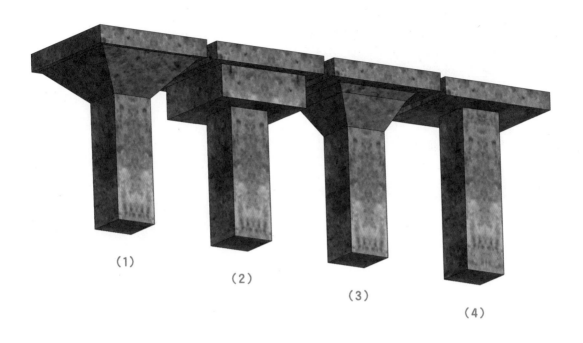

（1）　　　（2）　　　（3）　　　（4）

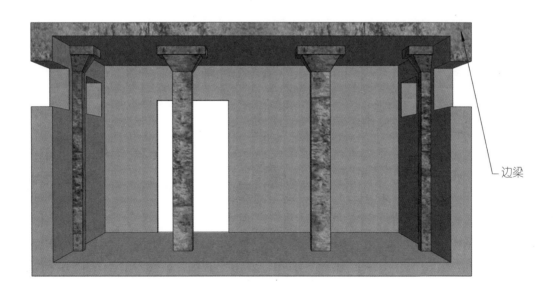

边梁

无梁楼板（有柱帽）构造节点

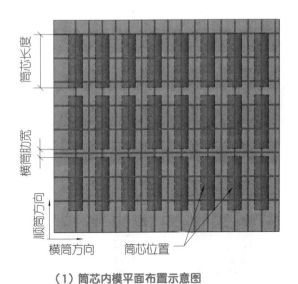

（1）筒芯内模平面布置示意图

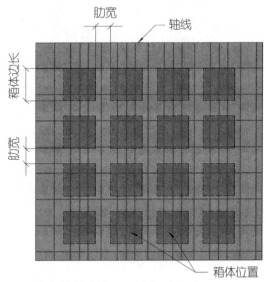

（2）箱体内模平面布置示意图

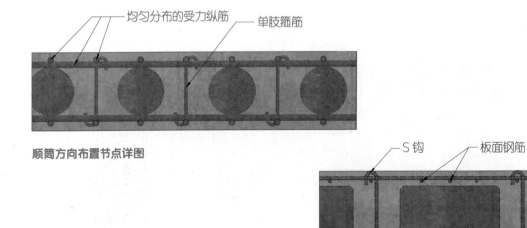

顺筒方向布置节点详图

BGF 复合轻质填充构件节点详图

▲说明：当建筑层数较多时，为减轻现浇楼板的自重，板内预埋塑料管（管径为 100~250mm，间距 150~250mm）或箱体（一般为正方形，边长 400~1200mm，高 120~500mm，空心率为 25%~50%）。

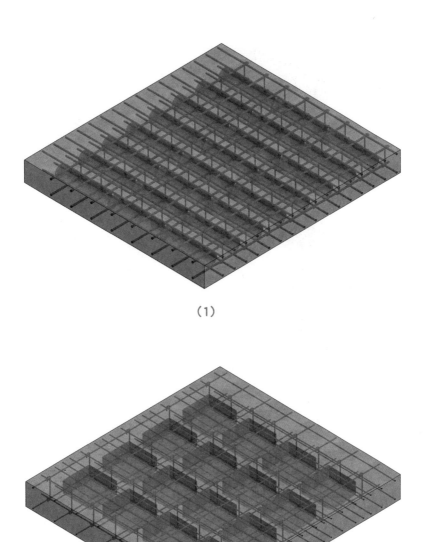

（1）

（2）

▲说明：现浇钢筋混凝土空心楼盖是继无梁楼板、密肋楼板之后又一种新型楼板体系，其主要技术特点是：在现浇混凝土楼板中按规则布置一定数量的预制永久性薄壁箱体而形成空心楼板体系。它自重轻、跨度大，能适应当前大柱网、大开间、大空间的多高层建筑的需求，该楼板不仅能提供灵活的应用空间，而且，还具有减轻结构自重、增加楼板刚度、缩短施工工期、提高隔声效果和降低结构造价等优点。其技术经济指标比其他类型的楼盖体系有明显的提高，有着广泛的运用前景。

现浇钢筋混凝土空心楼板构造节点

2.2 雨篷及阳台构造节点

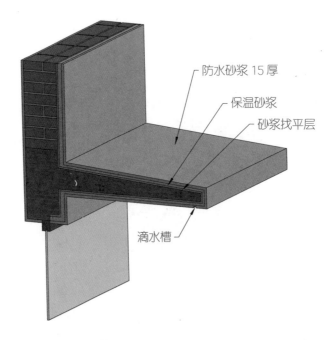

防水砂浆 15 厚

保温砂浆

砂浆找平层

滴水槽

自由落水雨篷

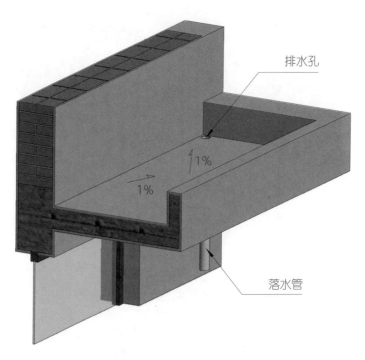

排水孔

1%

1%

落水管

上翻口有组织排水雨篷

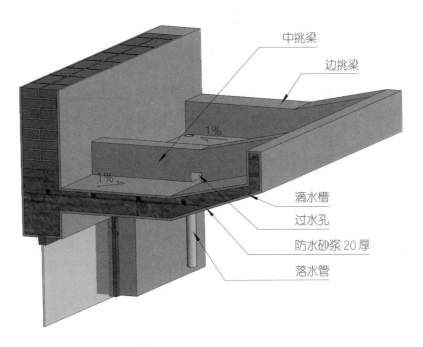

中挑梁

边挑梁

1%

1%

滴水槽

过水孔

防水砂浆 20 厚

落水管

折挑倒梁有组织排水雨篷

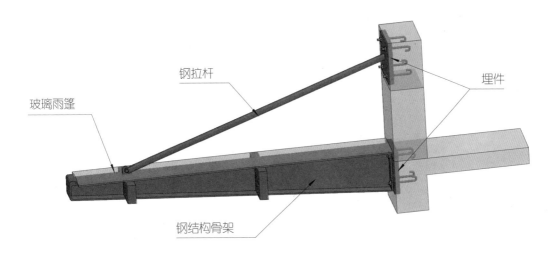

钢拉杆

埋件

玻璃雨篷

钢结构骨架

玻璃 – 钢组合雨篷

雨篷构造节点

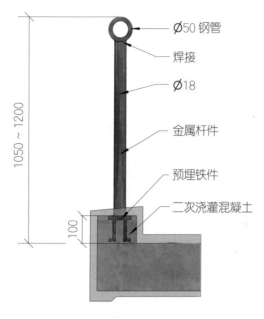

（1）金属栏杆与钢管扶手

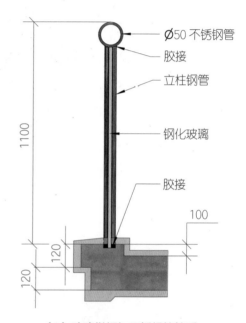

（2）玻璃栏板与不锈钢管扶手

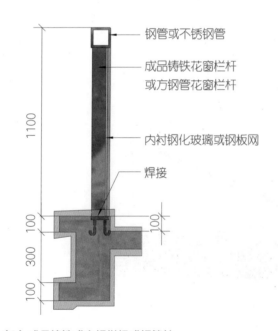

（3）成品铸铁或方钢栏杆或钢管扶

▲说明

1. 金属栏杆一般采用方钢、圆钢、扁钢和钢管等焊接，须做防腐处理。

2. 栏杆抗水平荷载：住宅建筑不应小于 500N/m，人流集中的场所不应小于 1000N/m。

3. 护栏玻璃应使用公称厚度不小于 12mm 的钢化玻璃或钢化夹层玻璃，当玻璃位于建筑高度为 5m 及以上时，应使用钢化夹层玻璃。上下与不锈钢扶手和面梁用结构密封胶固结。

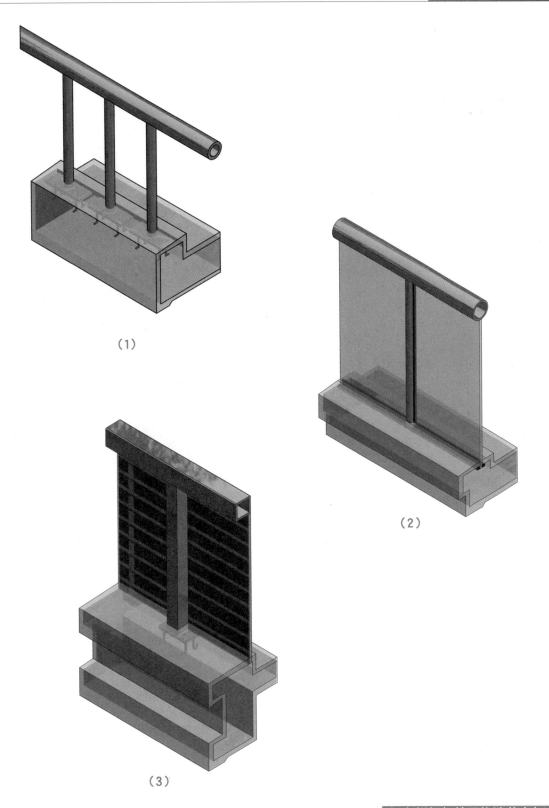

（1）

（2）

（3）

阳台栏杆与扶手构造节点（1）

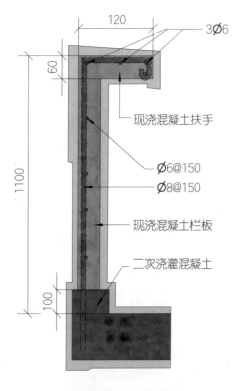

（4）现浇混凝土栏板与扶手

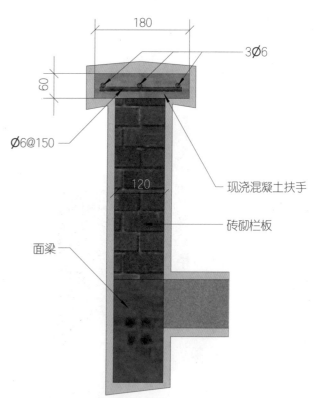

（5）砖砌栏板与现浇混凝土扶手

▲说明：钢筋混凝土扶手直接用作栏杆压顶，宽度有 120mm、160mm、180mm。

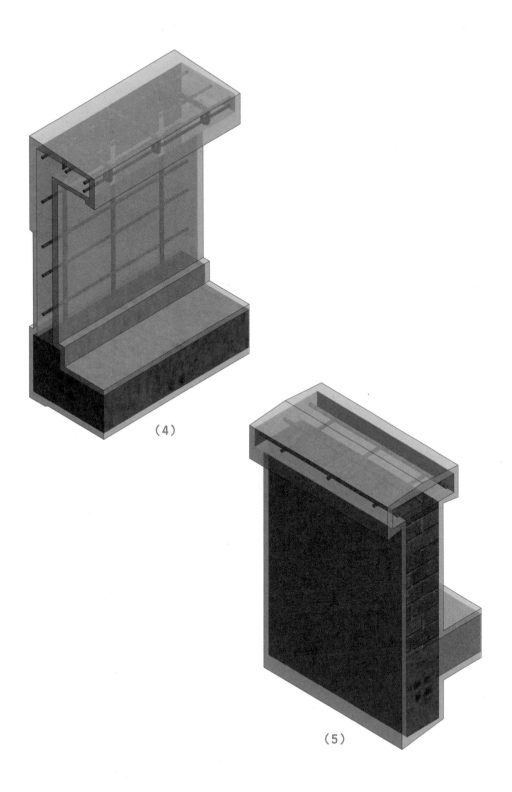

（4）

（5）

阳台栏杆与扶手构造节点（2）

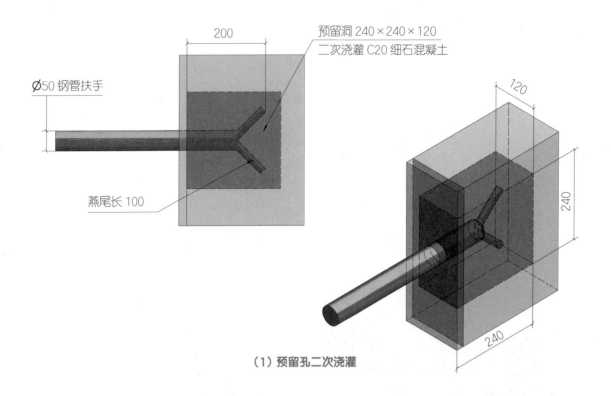

（1）预留孔二次浇灌

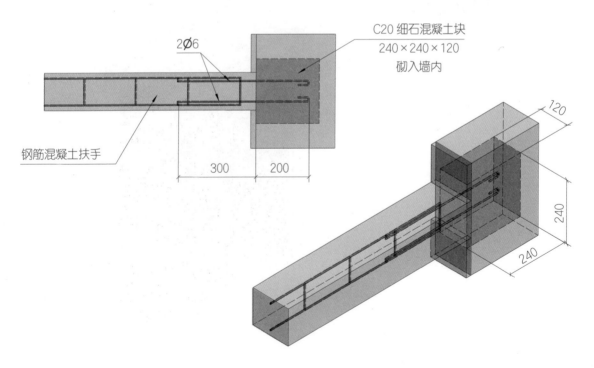

（2）预制块伸出钢筋

扶手与墙体的连接节点

3

楼梯细部构造节点

3.1 楼梯踏步与栏杆构造节点

楼梯踏步构造节点

栏杆构造节点

栏杆与踏步的固结节点

3.2 扶手构造节点

扶手构造节点

靠墙扶手节点

扶手与墙面连接节点

3.3 混凝土台阶构造节点

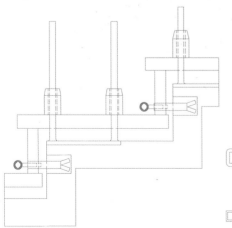

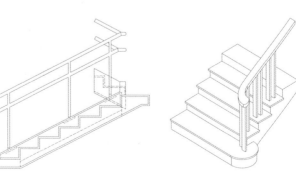

3.1

楼梯踏步与栏杆构造节点

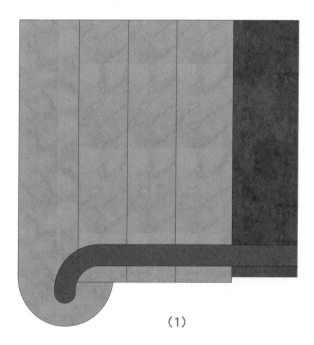

（1）

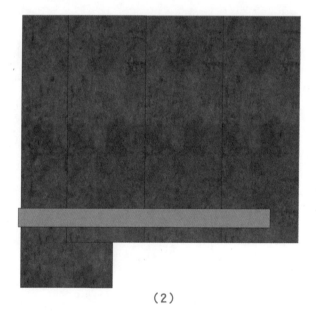

（2）

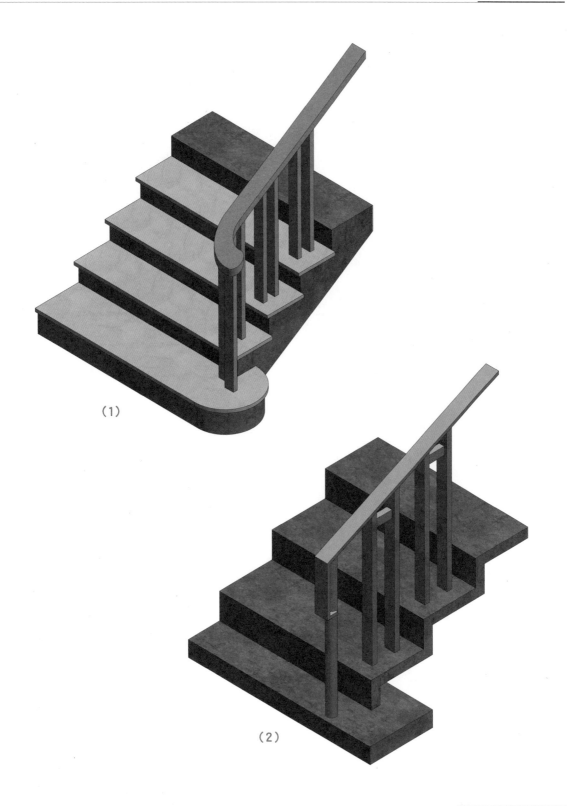

（1）

（2）

踏步起步处理节点

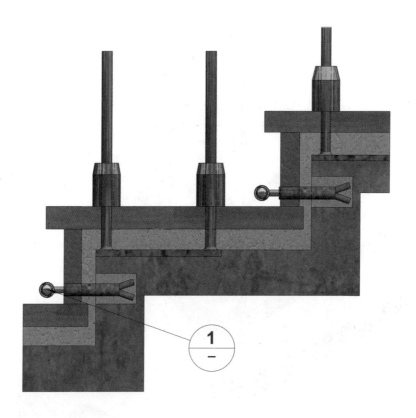

$\dfrac{1}{-}$

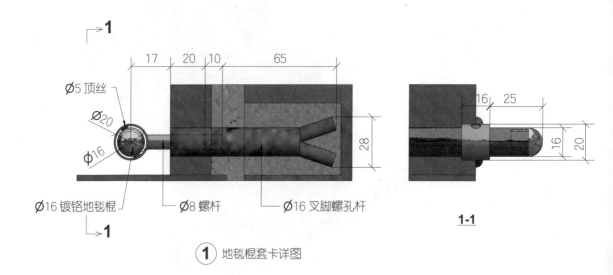

Ø5 顶丝

Ø20

Ø16

17　20　10　65

28

Ø16 镀铬地毯棍

Ø8 螺杆

Ø16 叉脚螺孔杆

16　25

16

20

1-1

① 地毯棍套卡详图

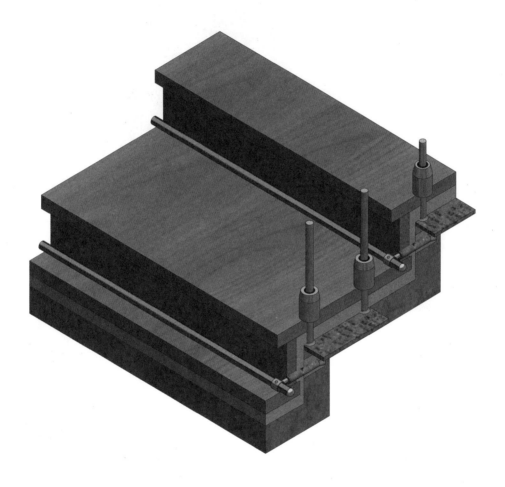

有地毯棍的踏步节点

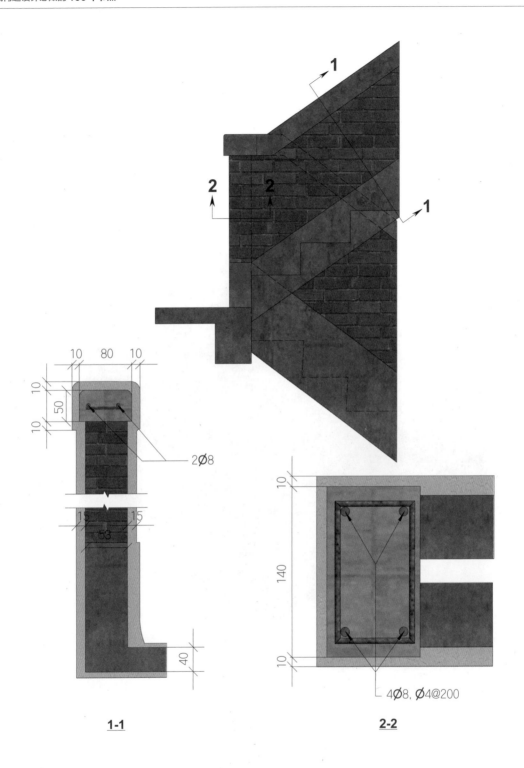

1-1

2-2

2Ø8

4Ø8, Ø4@200

▲说明：现有砖砌栏板均为烧结砖，砌成 60mm 的矮墙，并在砖的两侧增加钢筋网片以保证牢固，水泥砂浆抹面，顶部现浇钢筋混凝土扶手。

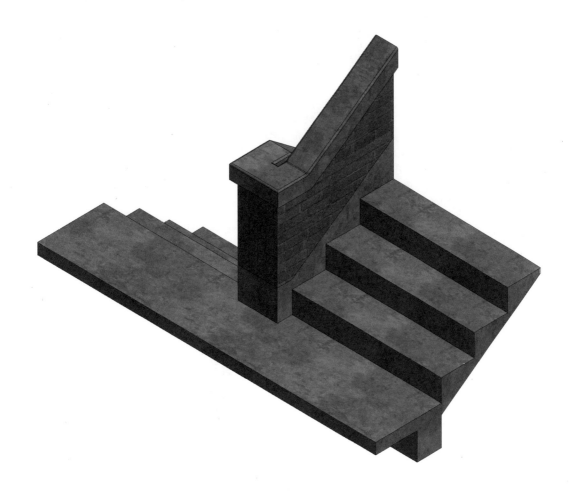

1/4砖砌栏板节点

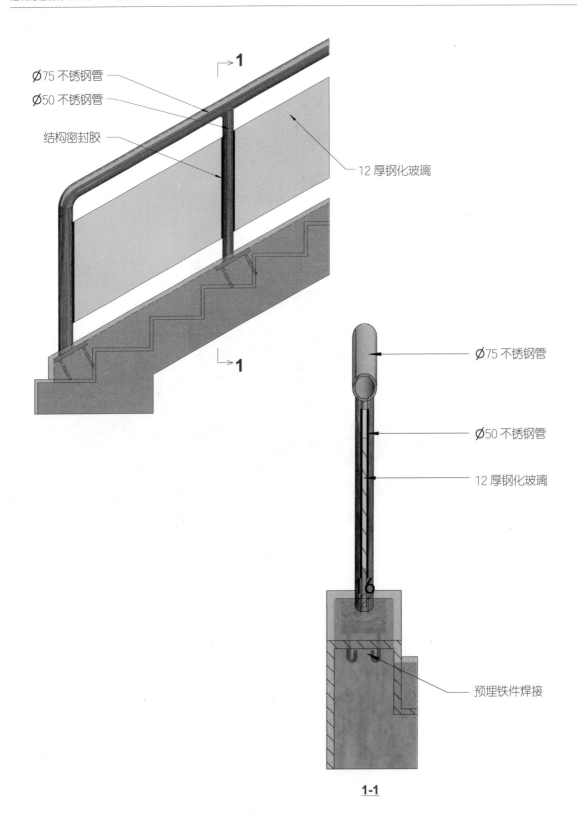

Ø75 不锈钢管

Ø50 不锈钢管

结构密封胶

12 厚钢化玻璃

Ø75 不锈钢管

Ø50 不锈钢管

12 厚钢化玻璃

预埋铁件焊接

1-1

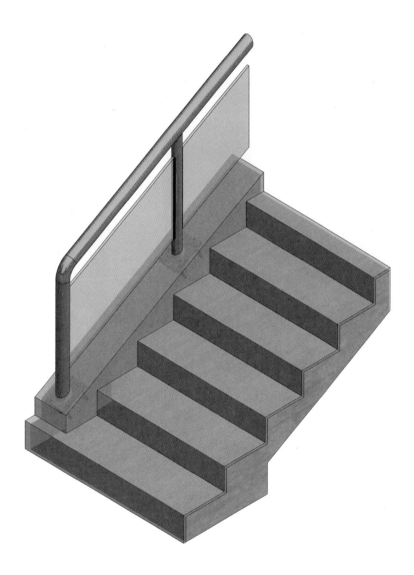

钢化玻璃栏板节点

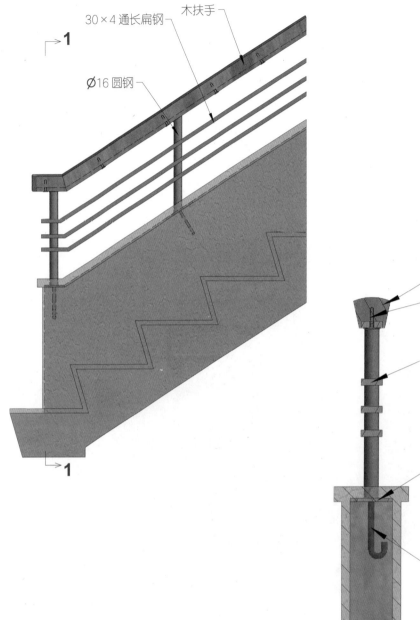

30×4 通长扁钢

木扶手

Ø16 圆钢

1

1

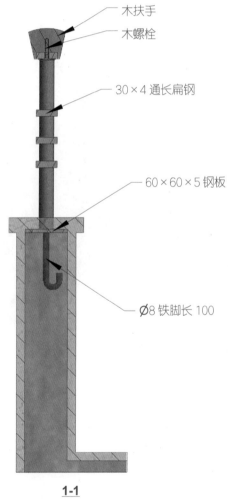

木扶手

木螺栓

30×4 通长扁钢

60×60×5 钢板

Ø8 铁脚长 100

1-1

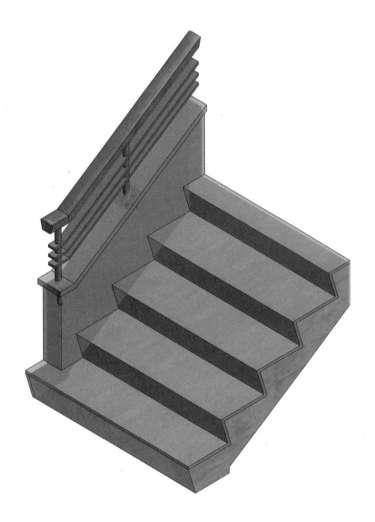

组合式栏杆节点

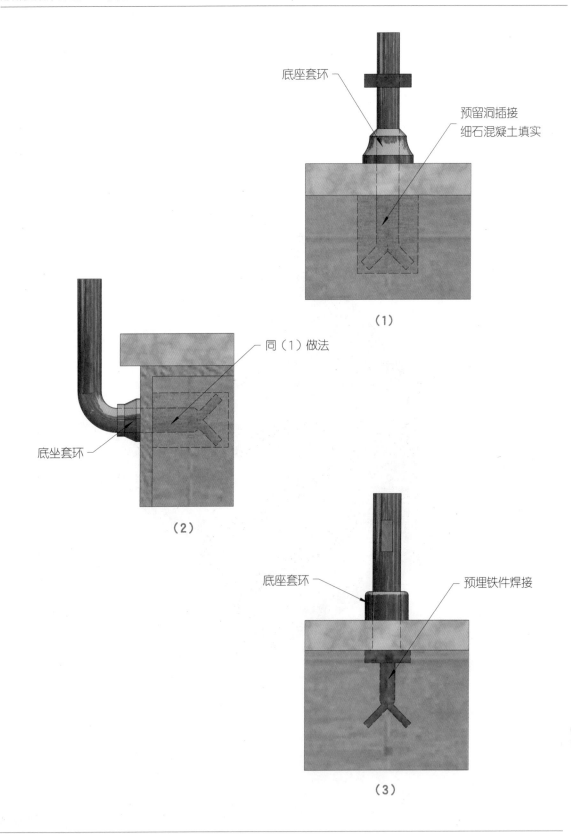

底座套环

预留洞插接
细石混凝土填实

（1）

同（1）做法

底坐套环

（2）

底座套环

预埋铁件焊接

（3）

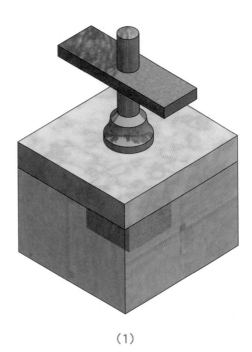

（1）

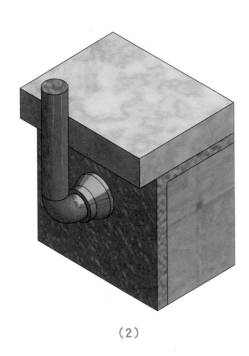

（2）

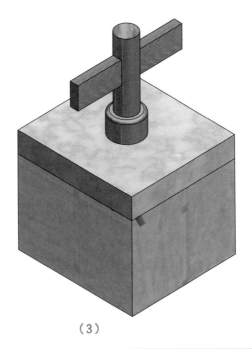

（3）

栏杆与踏步的固结节点（1）

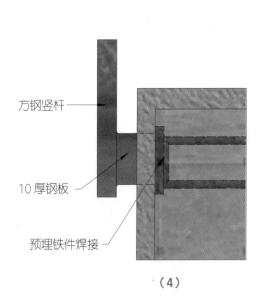

方钢竖杆

10 厚钢板

预埋铁件焊接

（4）

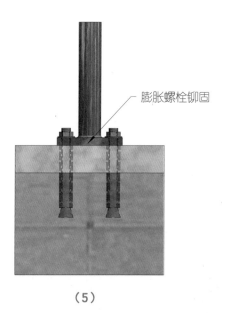

膨胀螺栓铆固

（5）

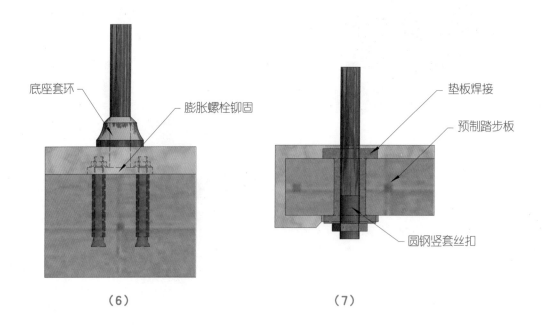

底座套环

膨胀螺栓铆固

（6）

垫板焊接

预制踏步板

圆钢竖套丝扣

（7）

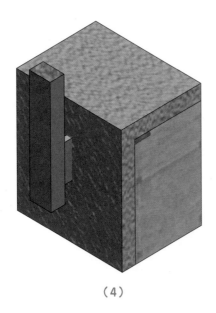

（4）

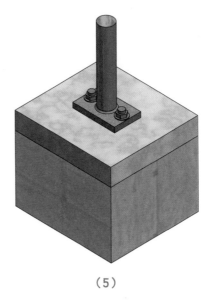

（5）

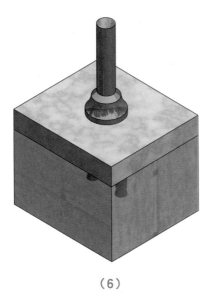

（6）

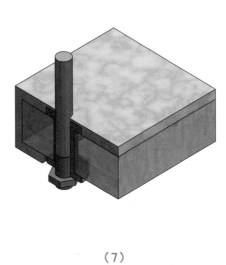

（7）

栏杆与踏步的固结节点（2）

3.2 扶手构造节点

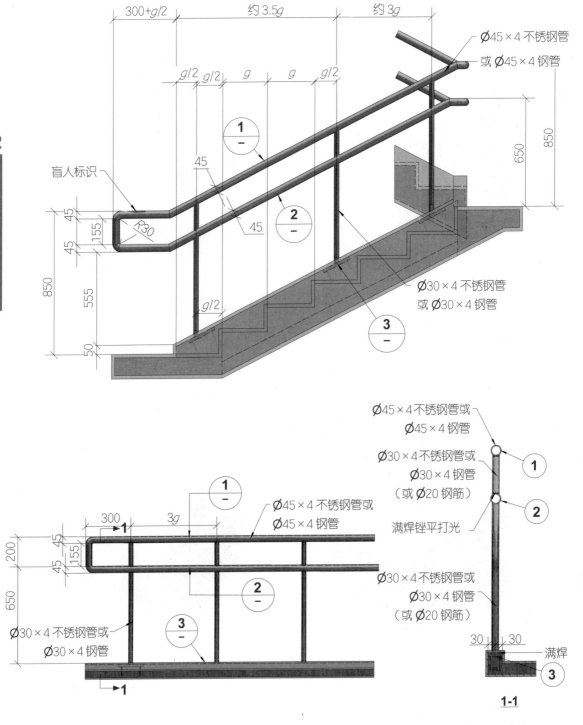

1-1

▲说明：扶手安装高度为850mm，设上下两层，下层高度为650mm，在楼梯的起步和终步处水平方向延伸300mm，并在末端设置盲文标志。

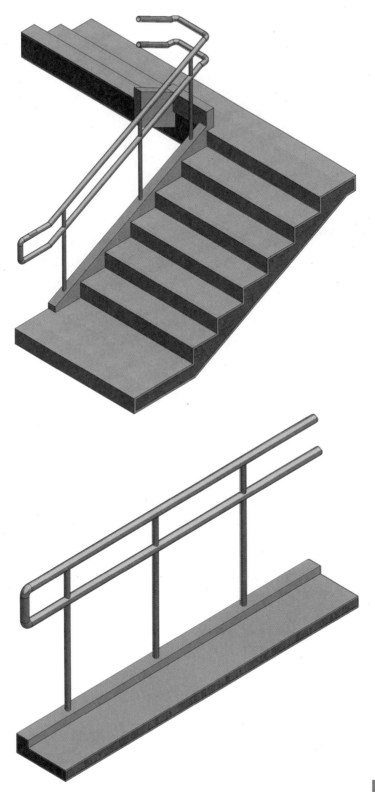

无障碍扶手节点

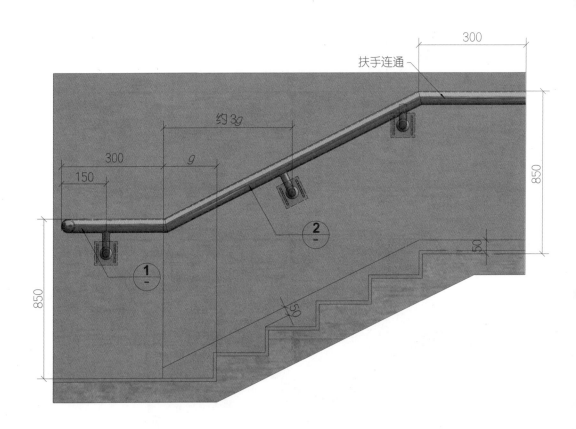

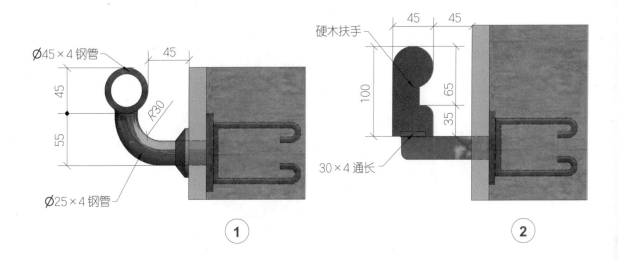

▲说明：扶手截面宽度为 35~50mm，靠墙安装时，内侧与墙的距离不小于 40mm，靠墙扶手的起点和终点处均需水平延伸不小于 300mm，末端向内或墙面或向下延伸 100mm，栏杆式扶手末端向下成弧形或延伸至地面固定。

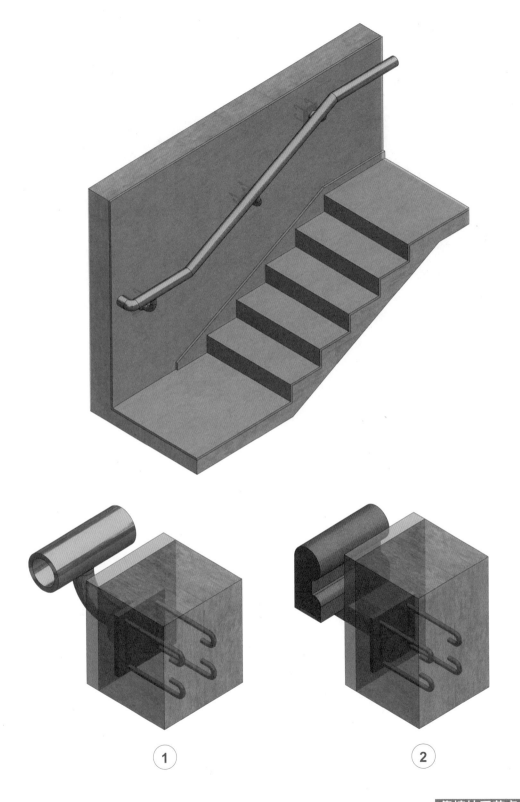

①

②

靠墙扶手节点(1)

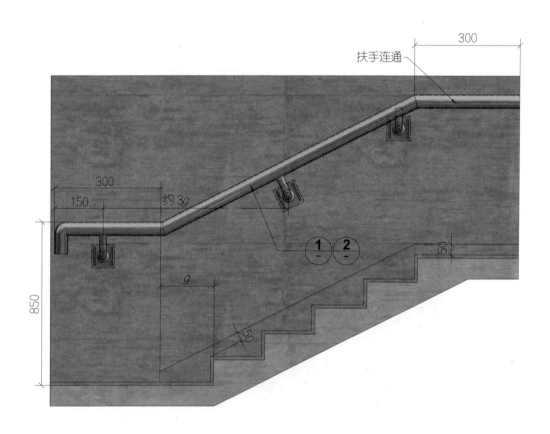

扶手连通

300

300

150

约3g

850

g

50

50

① ②
‾ ‾

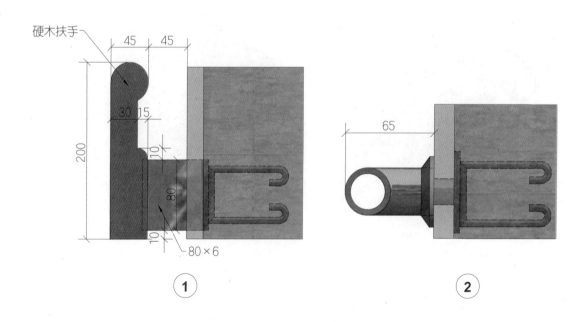

硬木扶手

45   45

30 15

200

10

80

10

80×6

65

①

②

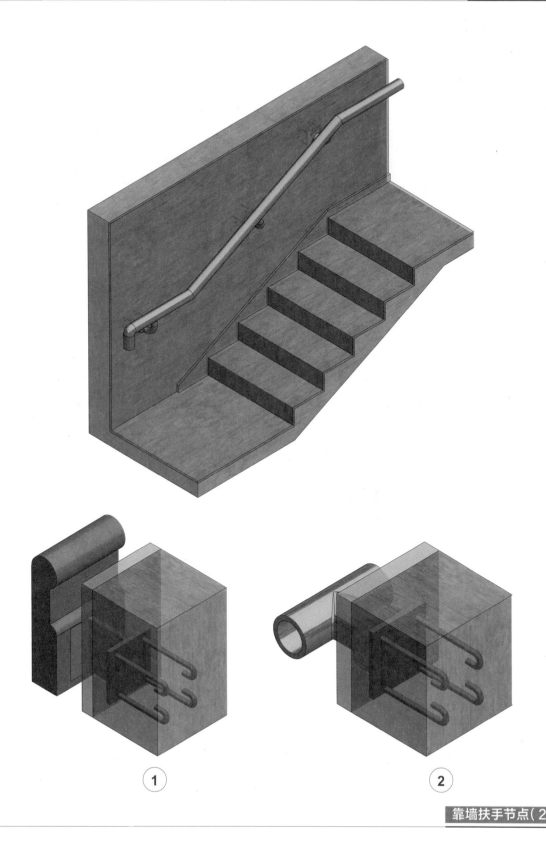

① ②

靠墙扶手节点（2）

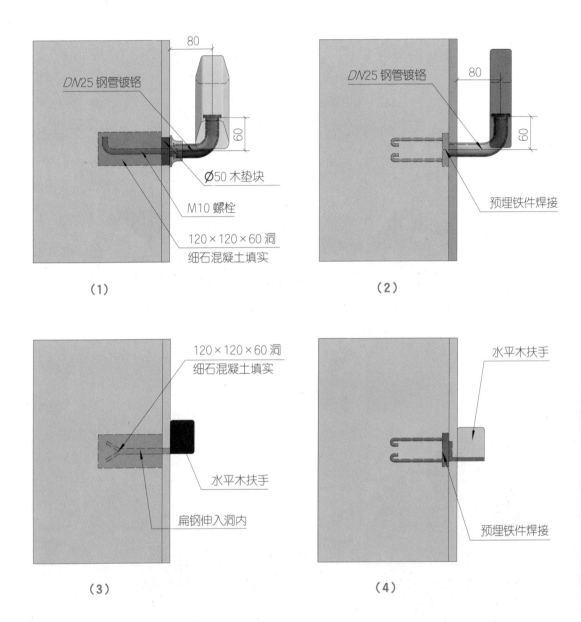

DN25 钢管镀铬

Ø50 木垫块

M10 螺栓

120 × 120 × 60 洞
细石混凝土填实

（1）

DN25 钢管镀铬

预埋铁件焊接

（2）

120 × 120 × 60 洞
细石混凝土填实

水平木扶手

扁钢伸入洞内

（3）

水平木扶手

预埋铁件焊接

（4）

▲说明：扶手与墙的固结是预先在墙上留洞口，然后安装开脚螺栓，并用细石混凝土填实，或在混凝土墙中预埋扁钢，锚接固定。对于施工质量要求高的工程，铁件与墙面或地面连接处应设有镀铬钢套或不锈钢封盖。靠墙扶手与墙面之间应留有不小于 45mm 的空隙。顶层栏杆端部与墙的固结是将铁板伸入墙内，并弯成燕尾形，然后浇灌混凝土，也可以将铁板焊于预埋铁件上。

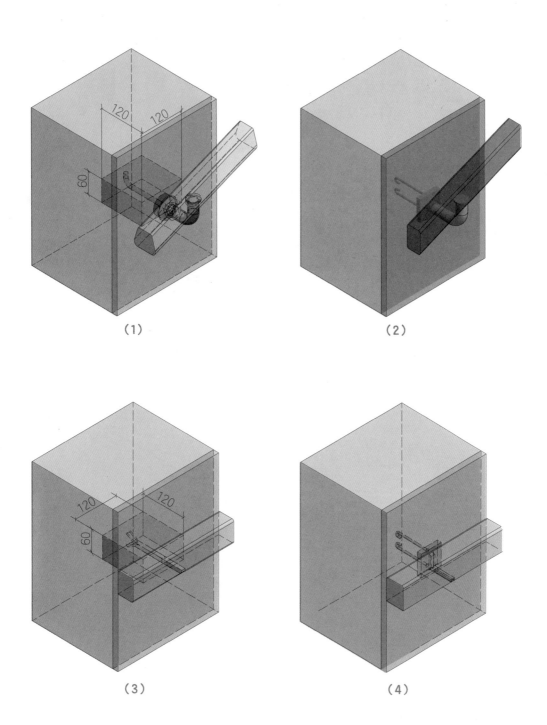

（1）

（2）

（3）

（4）

扶手与墙面连接节点

3.3

混
凝
土
台
阶
构
造
节
点

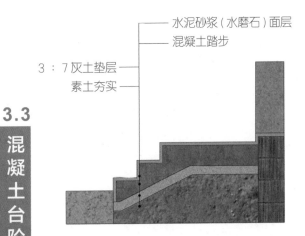

水泥砂浆（水磨石）面层
混凝土踏步

3：7灰土垫层
素土夯实

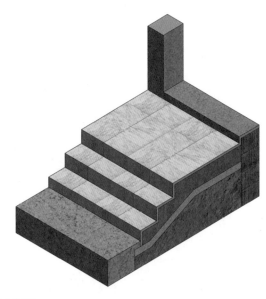

（1）混凝土台阶

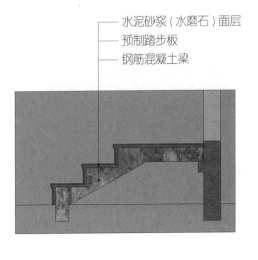

水泥砂浆（水磨石）面层
预制踏步板
钢筋混凝土梁

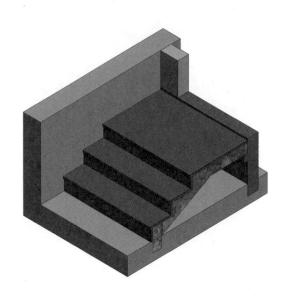

（2）钢筋混凝土架空台阶

混凝土台阶构造节点

4

门窗构造节点

4.1 门的构造节点

 推拉门构造节点

 折叠门构造节点

 防火门构造节点

4.2 窗的构造节点

 建筑隔声窗构造节点

 塑钢窗构造节点

 断桥铝合金窗构造节点

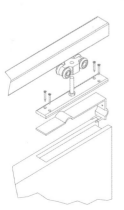

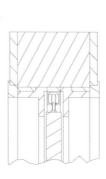
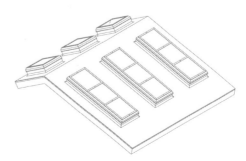

4.1

门的构造节点

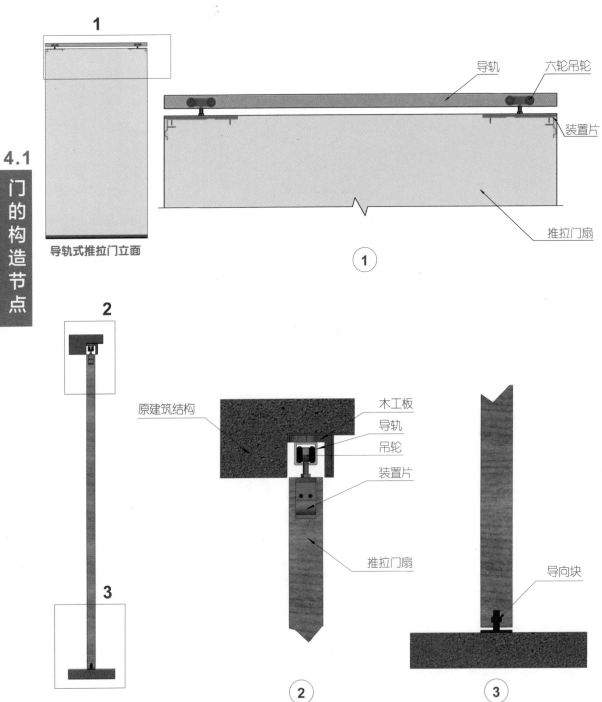

导轨式推拉门立面

导轨

六轮吊轮

装置片

推拉门扇

原建筑结构

木工板

导轨

吊轮

装置片

推拉门扇

导向块

① ② ③

▲说明：推拉门的安装方法可根据门扇高度确定。门扇高度小于 4m 时，一般采用上挂式；门扇高度大于 4m 时，一般采用下滑式。

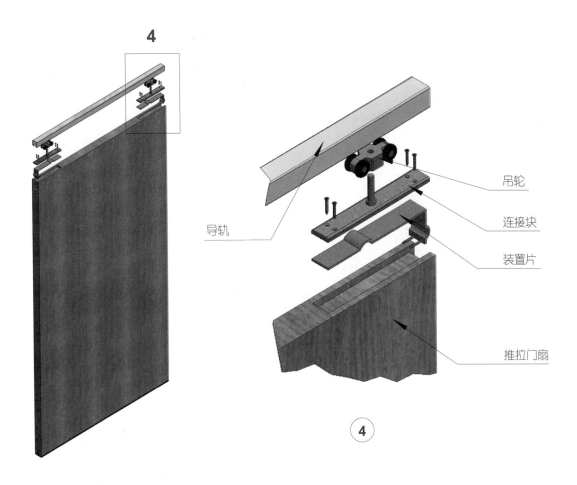

4

导轨

吊轮

连接块

装置片

推拉门扇

④

导轨式推拉门安装节点

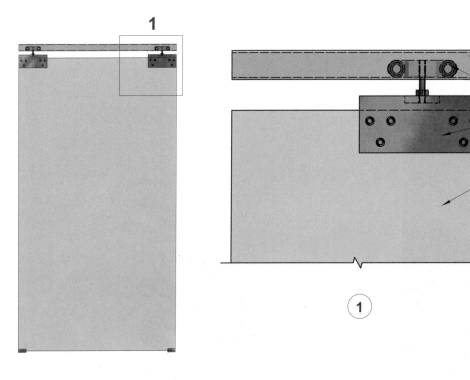

1

导轨

吊轮

玻璃夹

安全玻璃

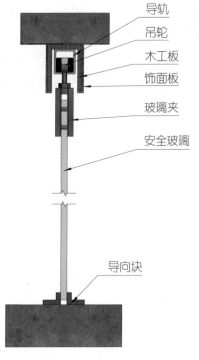

导轨

吊轮

木工板

饰面板

玻璃夹

安全玻璃

导向块

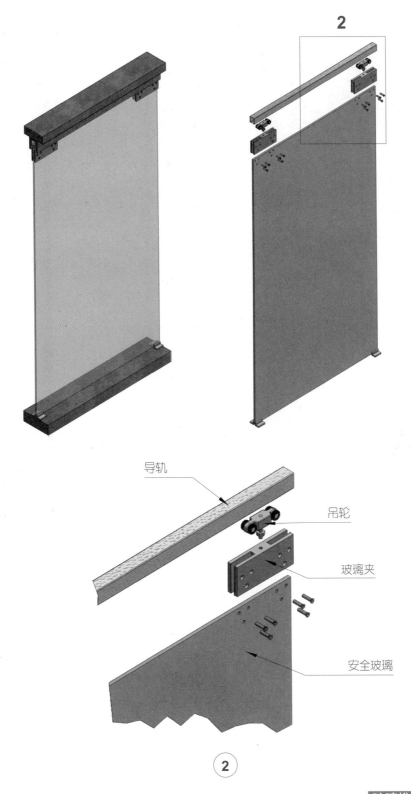

2

导轨

吊轮

玻璃夹

安全玻璃

②

玻璃推拉门安装节点

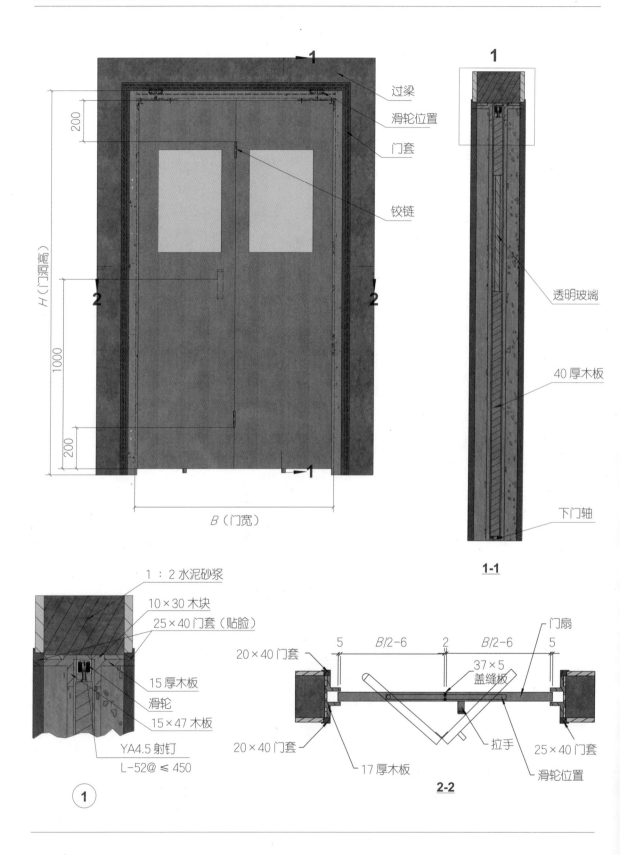

过梁

滑轮位置

门套

铰链

H（门洞高）

200

1000

200

B（门宽）

1

2

2

1

1

透明玻璃

40 厚木板

下门轴

1-1

1：2 水泥砂浆

10×30 木块

25×40 门套（贴脸）

15 厚木板

滑轮

15×47 木板

YA4.5 射钉

L-52@ ≤ 450

①

门扇

20×40 门套

5 *B*/2-6 2 *B*/2-6 5

37×5
盖缝板

20×40 门套

17 厚木板

拉手

25×40 门套

滑轮位置

2-2

双扇折叠门节点

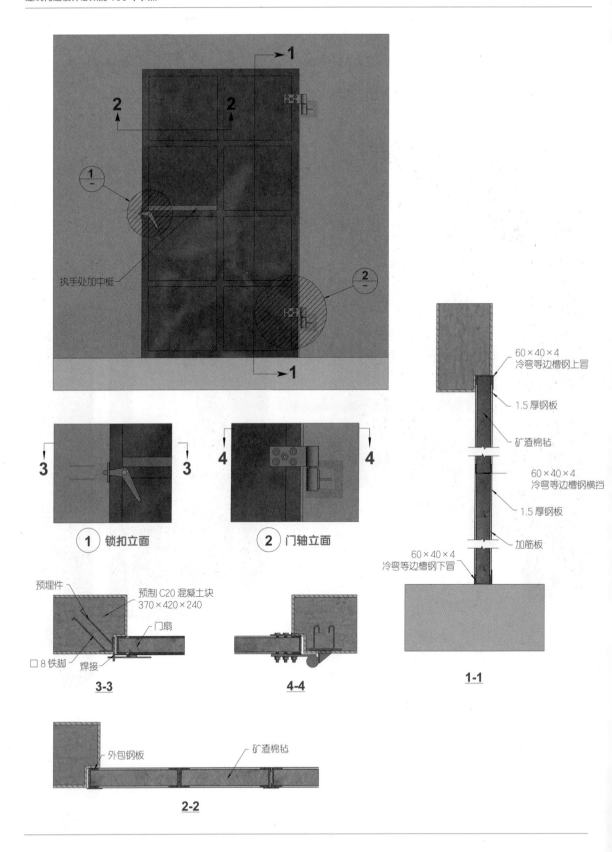

执手处加中梃

① 锁扣立面

② 门轴立面

预埋件
预制 C20 混凝土块 370×420×240
门扇
□8 铁脚
焊接

3-3

4-4

外包钢板
矿渣棉毡

2-2

60×40×4 冷弯等边槽钢上冒

1.5 厚钢板

矿渣棉毡

60×40×4 冷弯等边槽钢横挡

1.5 厚钢板

加筋板

60×40×4 冷弯等边槽钢下冒

1-1

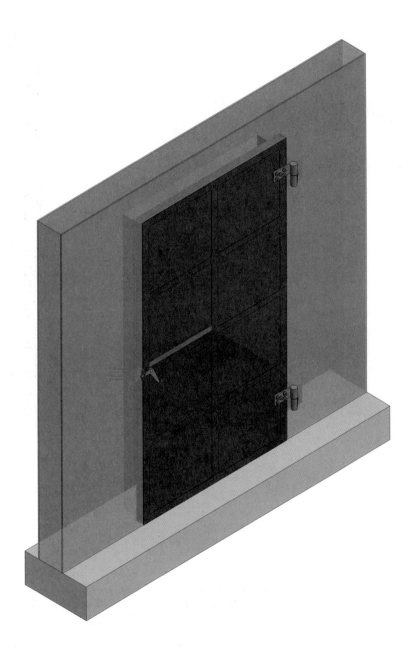

钢制防火门节点

4.2

窗的构造节点

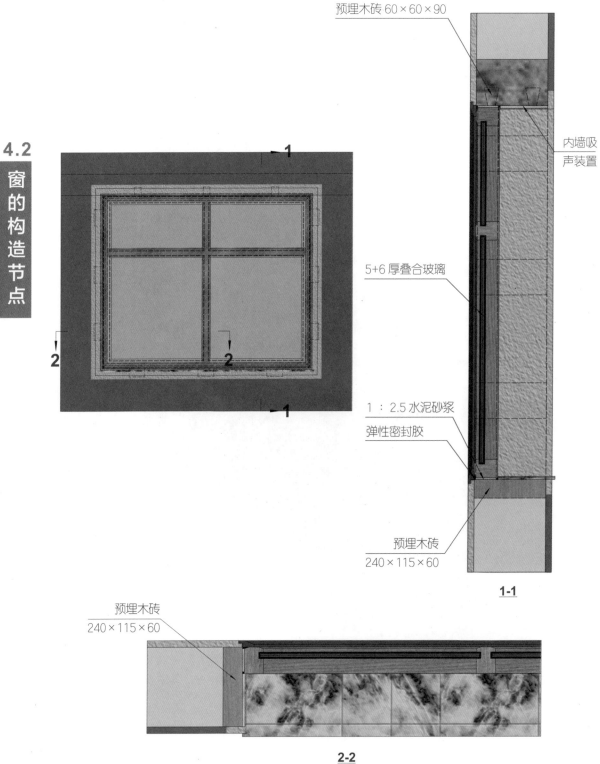

预埋木砖 60×60×90

内墙吸声装置

5+6 厚叠合玻璃

1：2.5 水泥砂浆

弹性密封胶

预埋木砖
240×115×60

1-1

预埋木砖
240×115×60

2-2

35dB单层木隔声观察窗构造

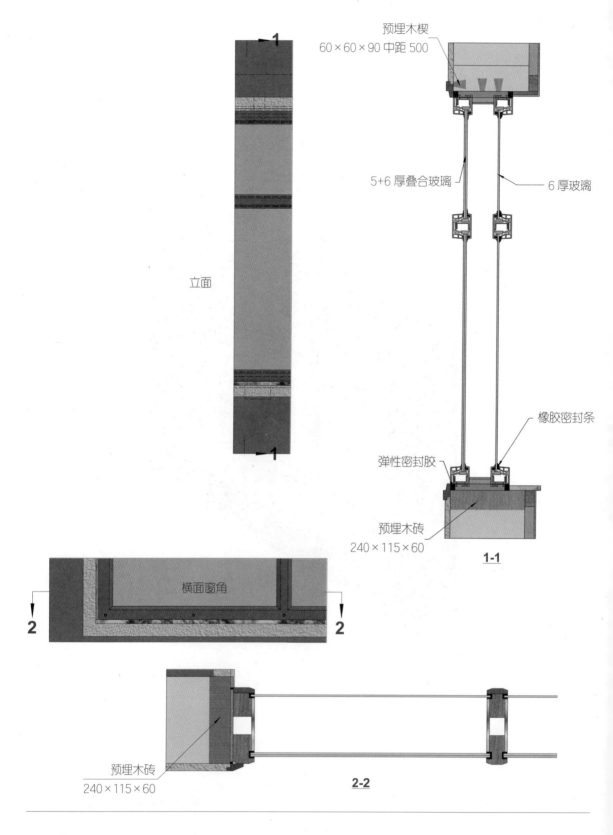

预埋木楔
60×60×90 中距 500

立面

5+6 厚叠合玻璃

6 厚玻璃

橡胶密封条

弹性密封胶

预埋木砖
240×115×60

1-1

横面窗角

2

2

预埋木砖
240×115×60

2-2

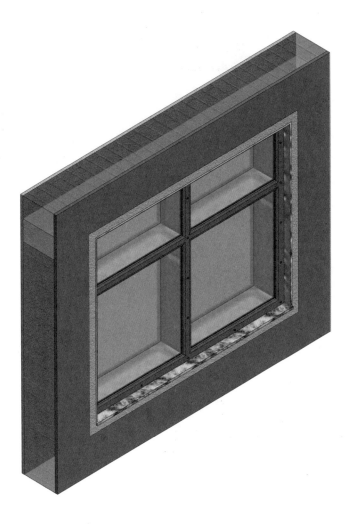

45dB双层木隔声观察窗构造

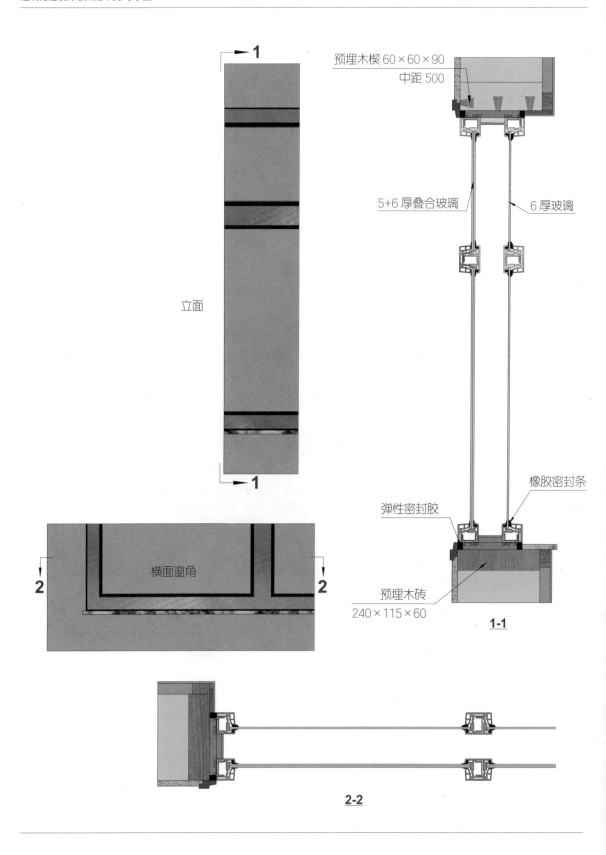

立面

横面窗角

预埋木楔 60×60×90
中距 500

5+6 厚叠合玻璃

6 厚玻璃

橡胶密封条

弹性密封胶

预埋木砖
240×115×60

1-1

2-2

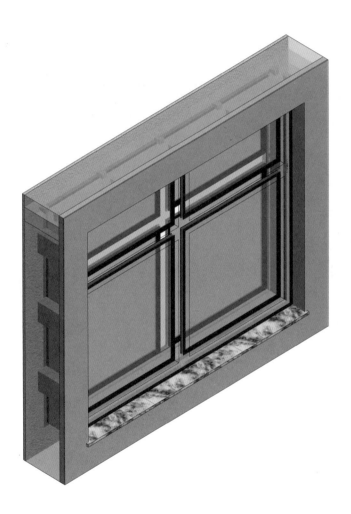

50dB双层塑料隔声观察窗构造

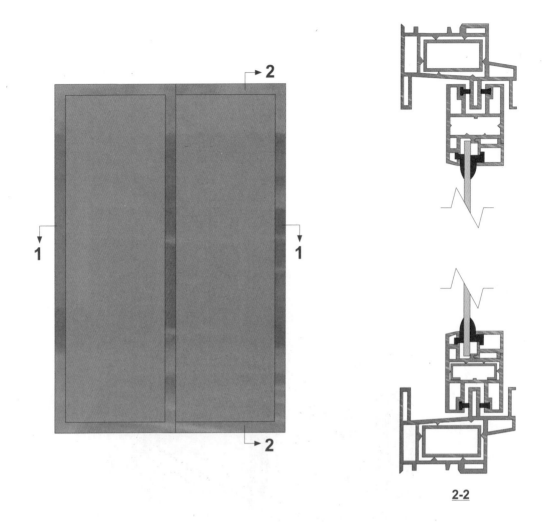

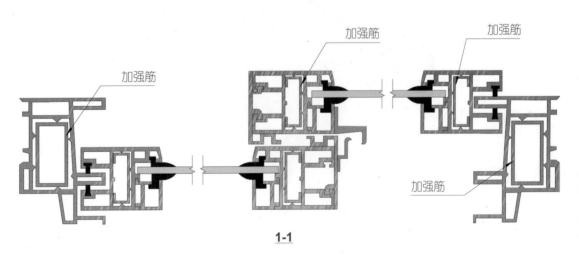

2-2

1-1

加强筋

加强筋

加强筋

加强筋

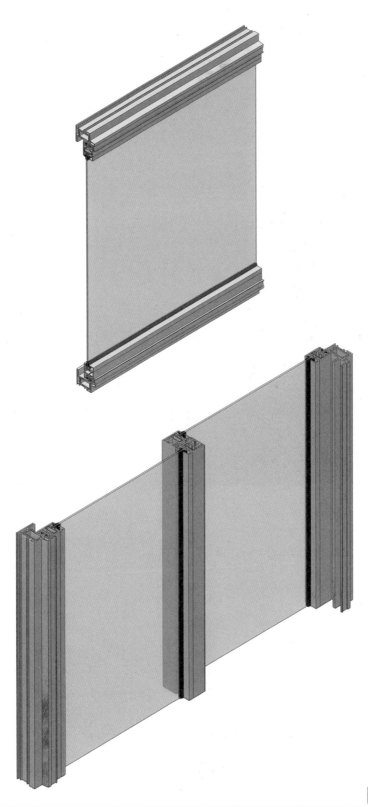

塑钢窗构造节点

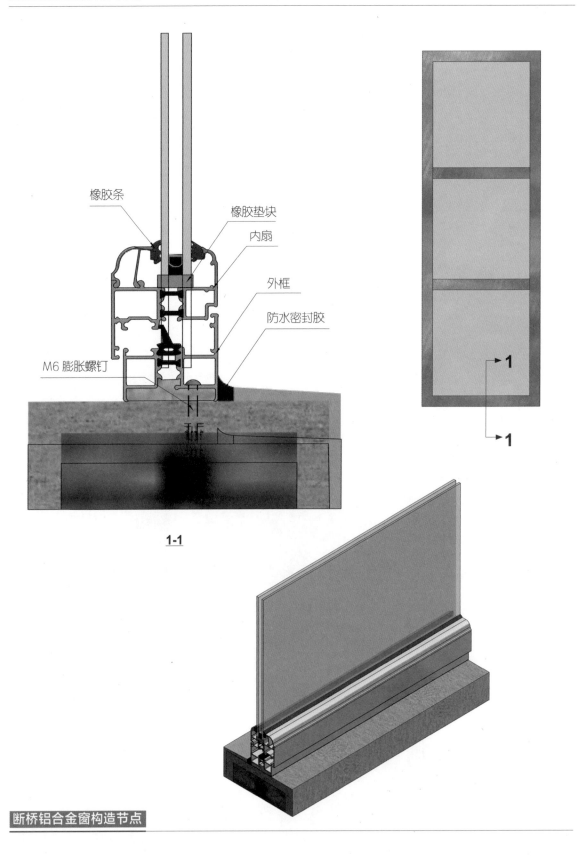

橡胶条

橡胶垫块

内扇

外框

防水密封胶

M6 膨胀螺钉

1-1

断桥铝合金窗构造节点

5

屋顶构造节点

5.1 平屋顶构造节点

 防水层构造节点

 泛水构造节点

 排水构造节点

 保温隔热构造节点

5.2 坡屋顶构造节点

 钢板彩瓦屋面构造节点

 檐口构造节点

 泛水构造节点

5.3 大跨度建筑屋面构造节点

 屋面排水节点构造

5.4 天窗构造节点

 玻璃采光顶构造节点

 采光顶遮阳构造节点

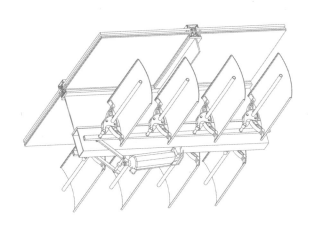

5.1

平屋顶构造节点

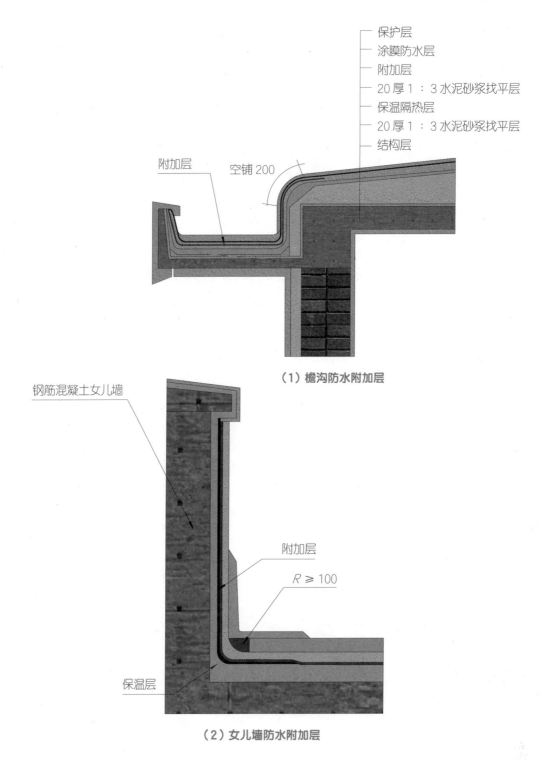

保护层
涂膜防水层
附加层
20厚1：3水泥砂浆找平层
保温隔热层
20厚1：3水泥砂浆找平层
结构层

附加层　空铺200

（1）檐沟防水附加层

钢筋混凝土女儿墙

附加层

$R \geqslant 100$

保温层

（2）女儿墙防水附加层

▲说明：在易开裂、渗水的部位，应留凹槽嵌填密封材料，并增设一层或一层以上带有胎体增强材料（一般为黄麻纤维布和玻璃纤维布两类）的附加层。天沟、檐口、檐沟、泛水等部位均应增设附加层。

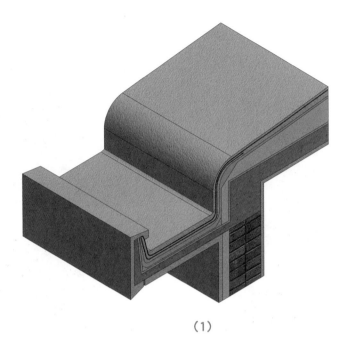

（1）

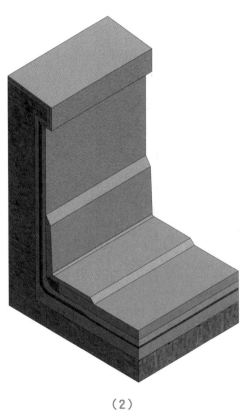

（2）

防水附加层构造节点

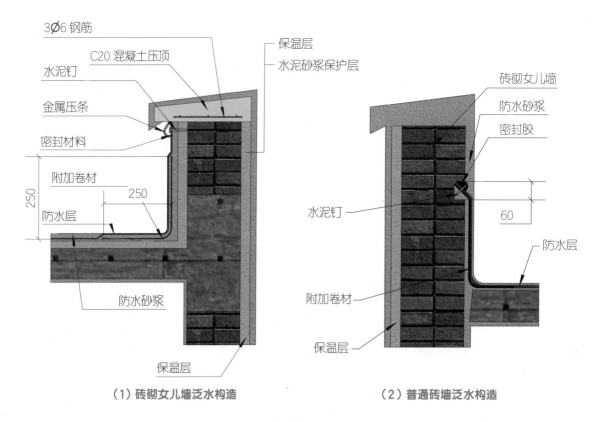

（1）砖砌女儿墙泛水构造

（2）普通砖墙泛水构造

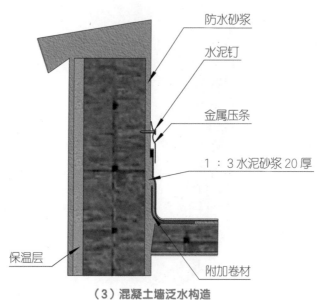

（3）混凝土墙泛水构造

▲说明：泛水高度不宜小于 250mm，应以卷材满贴为主。铺贴卷材前，应先做好垂直面抹灰，且抹灰层与屋面找平层在交接处需做圆弧形或钝角形，以保证防水层粘贴牢固。同时，在泛水部位须增铺一层防水附加层，水平与垂直方向均大于 250mm。

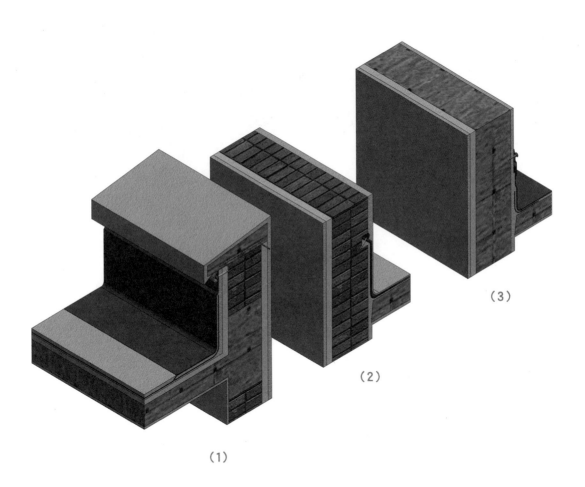

（1）

（2）

（3）

泛水构造节点

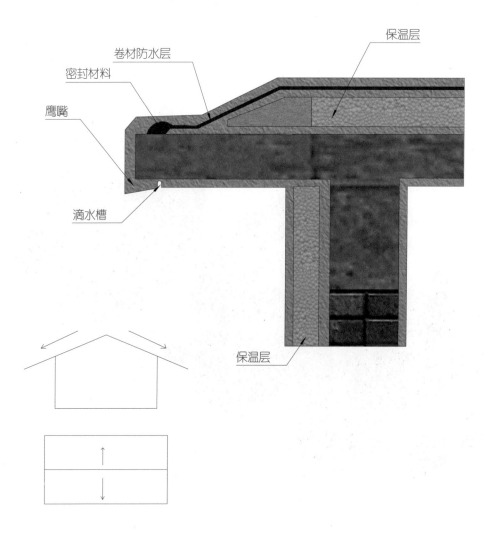

保温层

卷材防水层

密封材料

鹰嘴

滴水槽

保温层

▲说明：无组织排水适用于低层建筑及檐高小于 10m 的屋面。为防止淋湿墙面，建筑檐口出挑较大，常采用预制钢筋混凝土挑檐板，并伸入屋面一定长度以平衡出挑重量。预制挑檐板与屋面板的接缝要做好嵌缝处理以防渗漏，常用做法是现浇圈梁挑檐，防水卷材收头采用油膏密实处理。檐口下口应设置滴水槽、披水板。

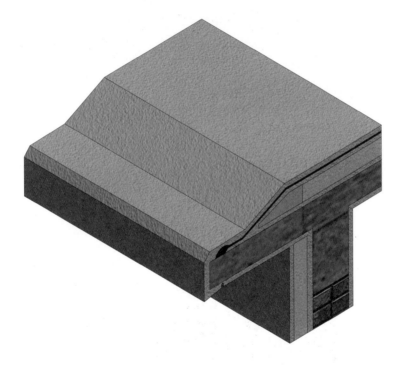

无组织排水方案和檐口构造节点

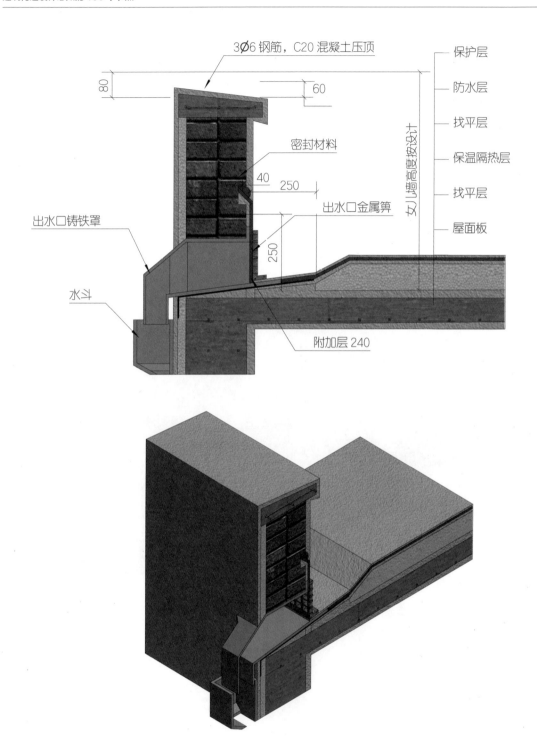

3∅6 钢筋，C20 混凝土压顶

保护层

防水层

找平层

保温隔热层

找平层

屋面板

密封材料

出水口金属箅

出水口铸铁罩

水斗

附加层 240

女儿墙高度按设计

▲说明：外排水常用于多层及中高层住宅，檐沟可采用钢筋混凝土制作，挑出墙外，挑出长度大时可用挑梁支撑檐沟。檐沟设在女儿墙外侧时，女儿墙上每隔一段距离应设雨水口。

有组织排水檐沟设在女儿墙内侧节点

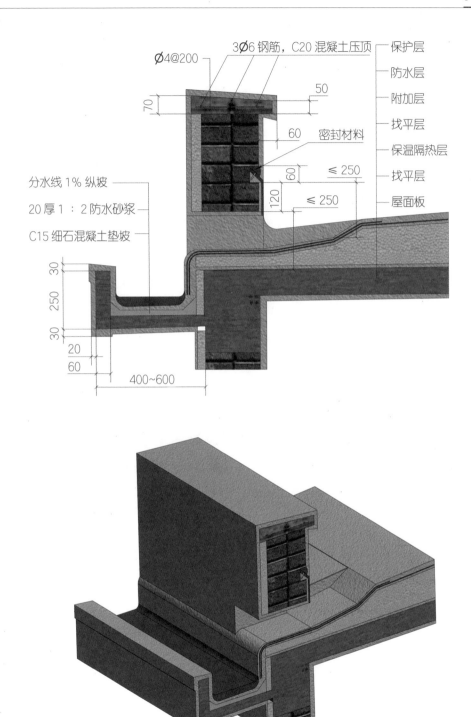

Ø4@200
3Ø6 钢筋，C20 混凝土压顶
保护层
防水层
附加层
找平层
保温隔热层
找平层
屋面板

70
50
60
密封材料
60
≤ 250
120
≤ 250

分水线 1% 纵坡
20 厚 1：2 防水砂浆
C15 细石混凝土垫坡

30
250
30
20
60
400~600

有组织排水檐沟设在女儿墙外侧构造节点

25 厚 1：2.5 水泥砂浆
（铺设钢丝网片）保护层

隔离层

卷材或涂膜防水层

20 厚 1：3 水泥砂浆找平层

保温层（隔汽层）

20 厚 1：3 水泥砂浆找平层

找坡层

钢筋混凝土屋面板

保护层，铺贴防滑地砖，
干水泥擦缝

20 厚 1：2.5 水泥砂浆加建筑胶结合层

40 厚 C30 细石防水混凝土
内配 Ø4@150 双向钢筋

隔离层

防水卷材防水层

20 厚 1：3 水泥砂浆找平层

保温层（隔汽层）

20 厚 1：3 水泥砂浆找平层

找坡层

钢筋混凝土屋面板

（1）不上人正置式保温屋面

（2）上人正置式保温屋面

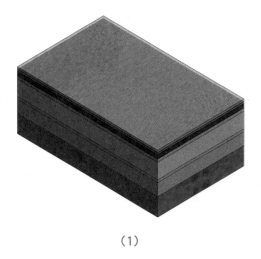

（1）

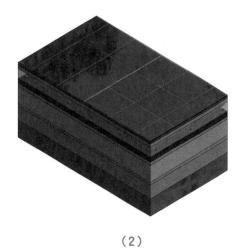

（2）

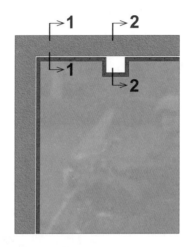

蓄水屋面局部平面

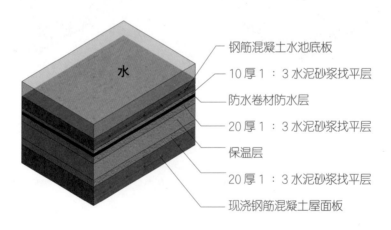

水

钢筋混凝土水池底板

10 厚 1：3 水泥砂浆找平层

防水卷材防水层

20 厚 1：3 水泥砂浆找平层

保温层

20 厚 1：3 水泥砂浆找平层

现浇钢筋混凝土屋面板

蓄水隔热屋面构造做法

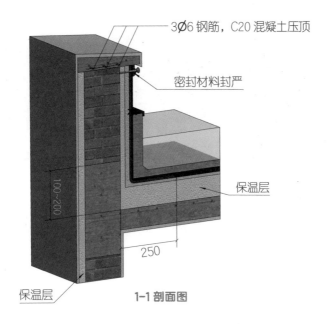

3∅6 钢筋，C20 混凝土压顶

密封材料封严

保温层

100~200

250

保温层

1-1 剖面图

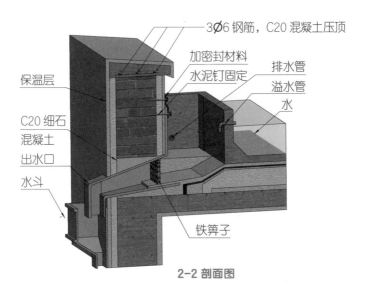

3∅6 钢筋，C20 混凝土压顶

加密封材料
水泥钉固定

排水管
溢水管
水

保温层

C20 细石
混凝土
出水口

水斗

铁箅子

2-2 剖面图

▲说明：蓄水屋面有浅蓄水屋面和深蓄水屋面之分，浅蓄水屋面深度宜为 150~200mm，屋面坡度不大于 0.5%。蓄水屋面应划分为若干蓄水区，每个区边长不宜大于 10m，在变形缝两侧应分为两个互不连通的蓄水区，并在女儿墙上设溢流口，蓄水屋面的防水高度应高于溢流口 100mm。

蓄水隔热屋面构造节点

5.2

坡屋顶构造节点

800

960

钢板彩瓦

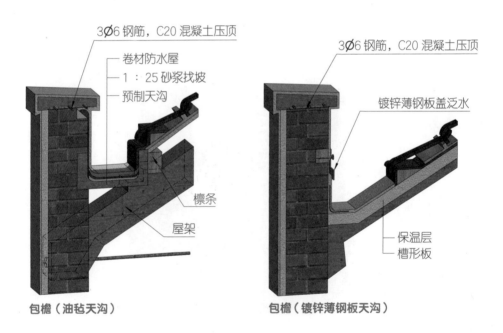

3∅6 钢筋，C20 混凝土压顶

卷材防水屋

1：25 砂浆找坡

预制天沟

檩条

屋架

包檐（油毡天沟）

3∅6 钢筋，C20 混凝土压顶

镀锌薄钢板盖泛水

保温层

槽形板

包檐（镀锌薄钢板天沟）

▲说明：钢板彩瓦用厚 0.5~0.8mm 的彩色钢板经冷轧形成，用拉铆钉或自攻螺栓连接在钢挂瓦条上。屋脊、天沟、封檐板、压顶板、挡水板以及各种连接件、密封件均由瓦材生产厂家配套供应。

钢板彩瓦屋面构造节点

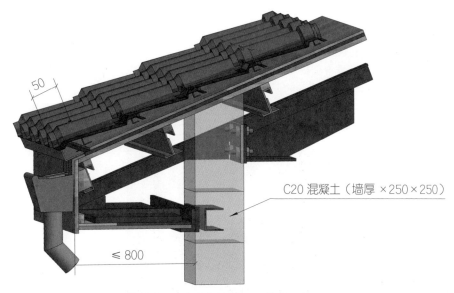

50

C20 混凝土（墙厚 ×250×250）

≤ 800

钢檩木屋面板钢板彩瓦屋面构造

50~70

60

60

砖挑檐

机平瓦

挑檐檩

封檐板

板条粉顶棚

450~600

下弦托木

下弦托木挑檐

100

60

水泥钉或射钉 @500
镀锌垫片 20×20×0.7

50

卷材或涂膜防水层

外饰面层

600~700

钢筋混凝土挑檐

坡屋面细部挑檐构造

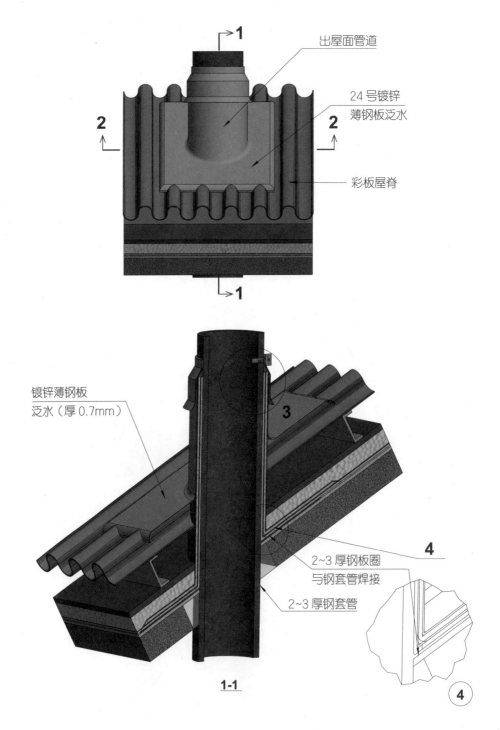

1-1

▲说明：屋面上开孔处应围以镀锌薄钢板，镀锌薄钢板一端沿竖管盖在瓦上，另一端沿竖管折包在管的四周，高度不小于 200mm，并用铁夹子衬硬橡皮圈夹紧。

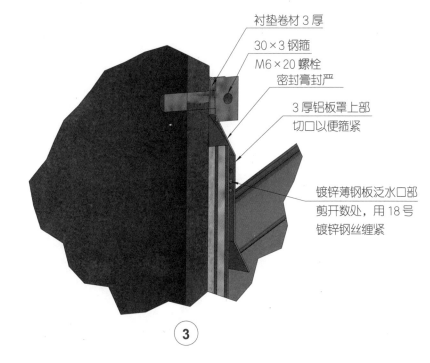

衬垫卷材 3 厚

30×3 钢箍

M6×20 螺栓

密封膏封严

3 厚铝板罩上部

切口以便箍紧

镀锌薄钢板泛水口部

剪开数处，用 18 号

镀锌钢丝缠紧

③

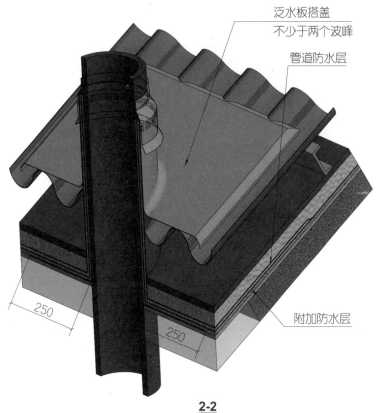

泛水板搭盖

不少于两个波峰

管道防水层

250

250

附加防水层

2-2

出气管与屋面连接处的泛水

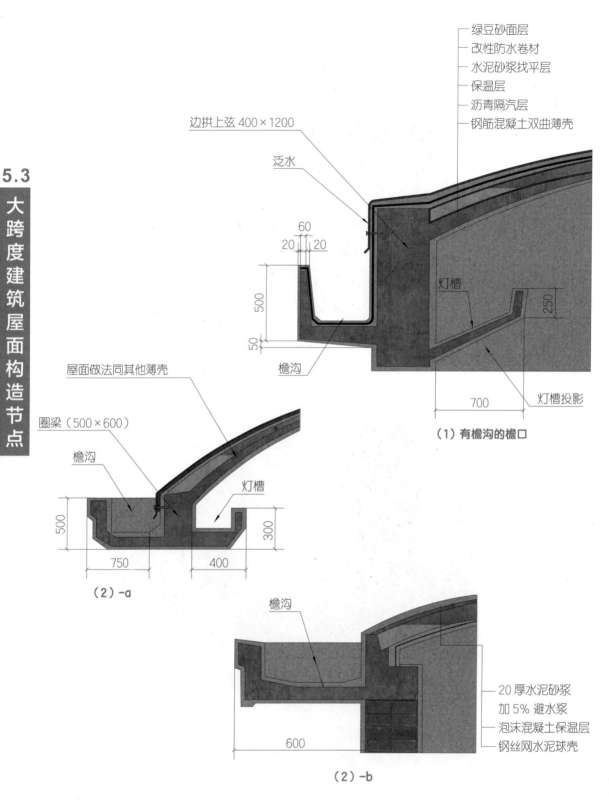

5.3 大跨度建筑屋面构造节点

绿豆砂面层
改性防水卷材
水泥砂浆找平层
保温层
沥青隔汽层
钢筋混凝土双曲薄壳

边拱上弦 400×1200

泛水

60
20 20

500

50

檐沟

灯槽

250

700

灯槽投影

（1）有檐沟的檐口

屋面做法同其他薄壳

圈梁（500×600）

檐沟

灯槽

500

300

750

400

（2）-a

檐沟

600

20 厚水泥砂浆
加 5% 避水浆
泡沫混凝土保温层
钢丝网水泥球壳

（2）-b

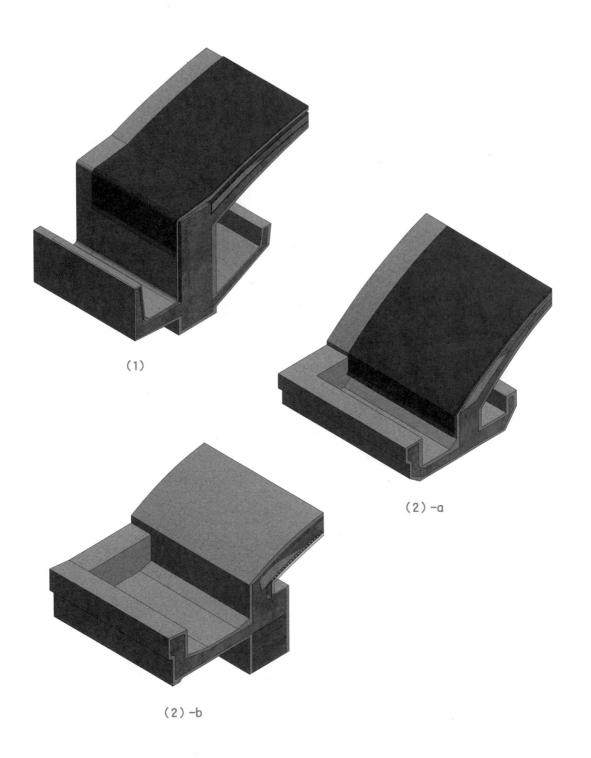

（1）

（2）-a

（2）-b

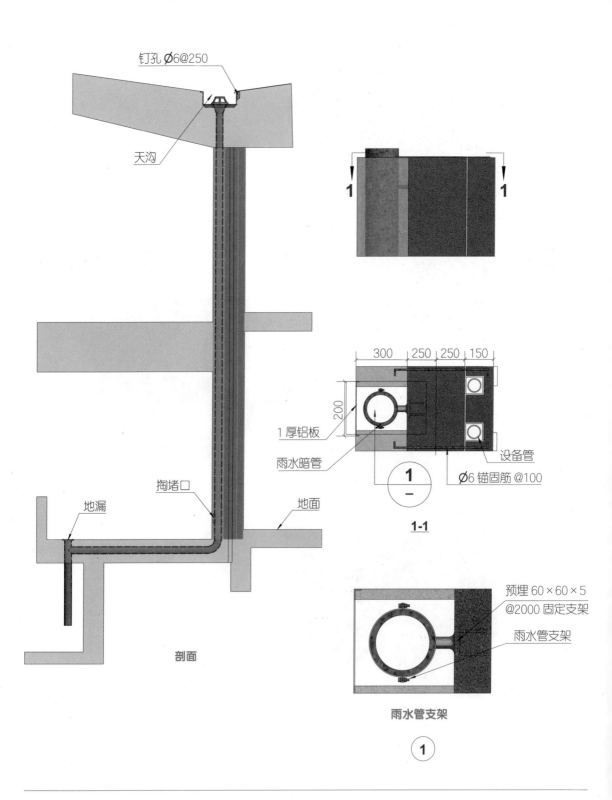

钉孔 Ø6@250

天沟

掏堵口

地漏

地面

剖面

1 厚铝板

雨水暗管

300 250 250 150

200

设备管

Ø6 锚固筋 @100

1-1

预埋 60×60×5 @2000 固定支架

雨水管支架

雨水管支架

①

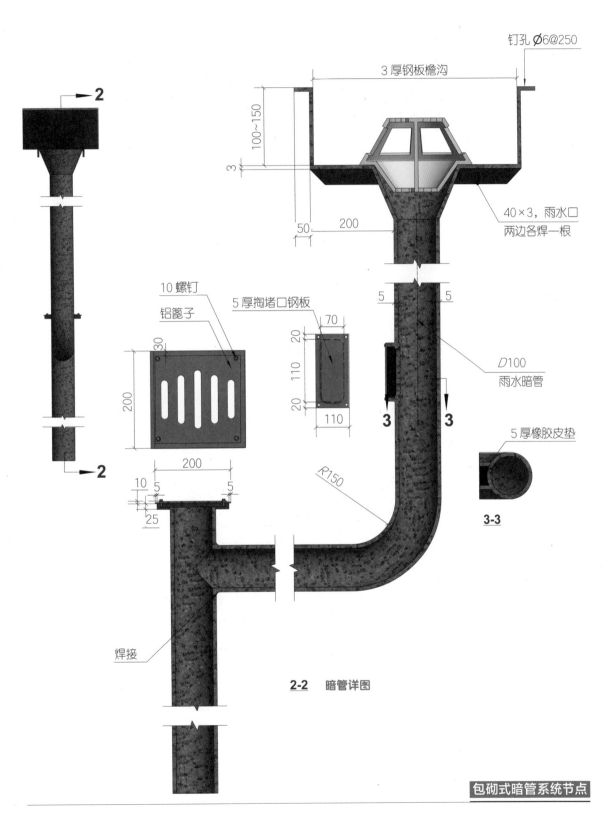

钉孔 Ø6@250

3 厚钢板檐沟

100~150

3

40×3，雨水口
两边各焊一根

50   200

D100
雨水暗管

5厚橡胶皮垫

3-3

10 螺钉

5厚掏堵口钢板

铝箅子

30

200

20

110

20

70

110

200

10 5   5

25

R150

焊接

2-2   暗管详图

1.2厚槽形镀锌板挂件,
中距不大于 500

1.2 厚镀锌板角件通长

1.2 厚镀锌板角件

屋檐饰边

1.2 厚镀锌板
角件通长

檐装饰板

≥ 450

拉铆钉

檐口滴水封板

泡沫堵头

200~300

压型钢板复合保温墙体

压型钢板复合保温屋面

屋面檩条

自攻螺钉

彩板包件

拉铆钉

墙梁

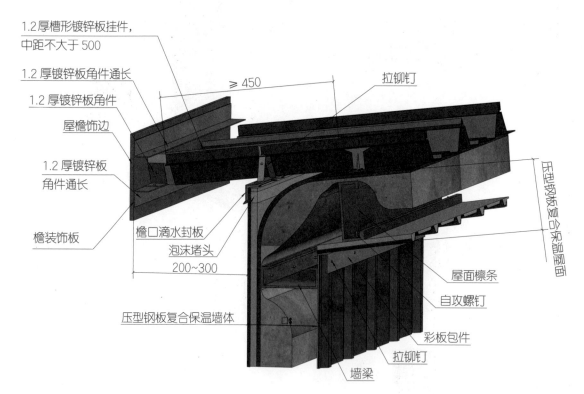

檐口构造节点

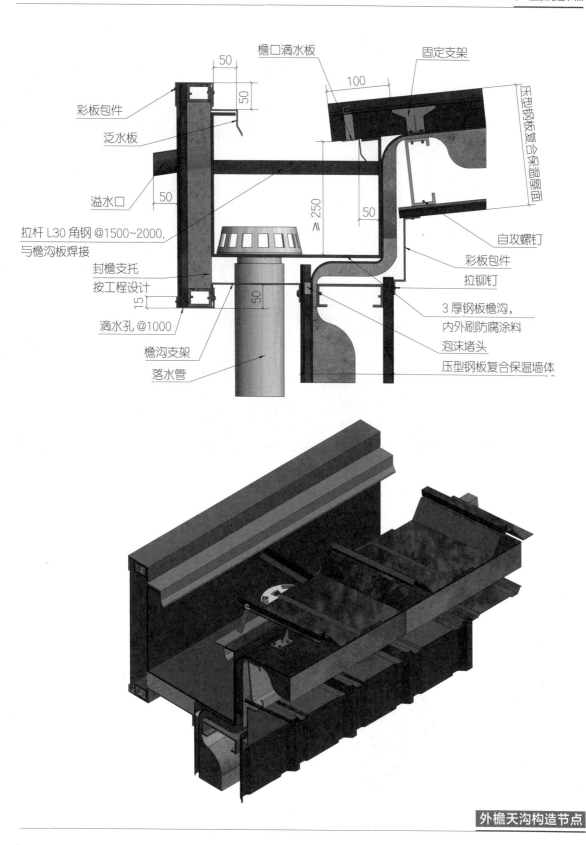

彩板包件

檐口滴水板

固定支架

泛水板

压型钢板复合保温屋面

溢水口

50

100

50

50

≥ 250

50

自攻螺钉

拉杆 L30 角钢 @1500~2000，
与檐沟板焊接

彩板包件

拉铆钉

封檐支托
按工程设计

15

3 厚钢板檐沟，
内外刷防腐涂料

滴水孔 @1000

50

泡沫堵头

檐沟支架

压型钢板复合保温墙体

落水管

外檐天沟构造节点

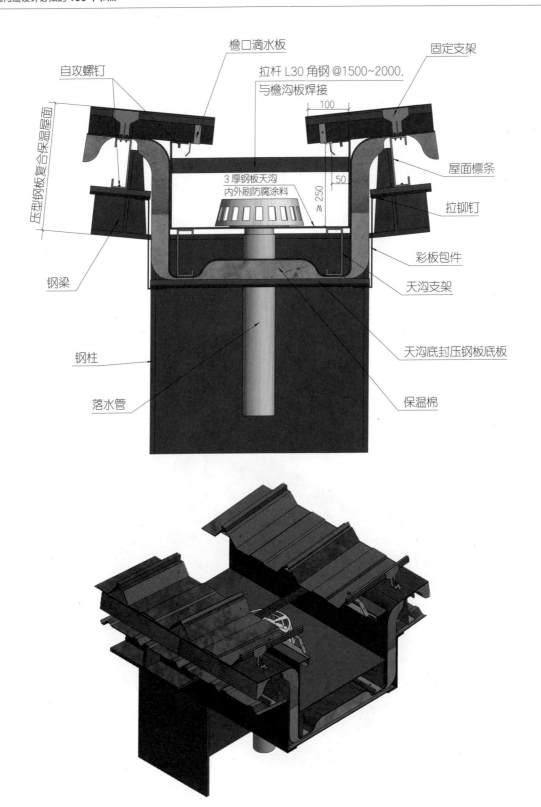

自攻螺钉

檐口滴水板

拉杆 L30 角钢 @1500~2000,
与檐沟板焊接

固定支架

100

压型钢板复合保温屋面

3 厚钢板天沟
内外刷防腐涂料

屋面檩条

≥ 250

50

拉铆钉

彩板包件

钢梁

天沟支架

钢柱

天沟底封压钢板底板

落水管

保温棉

内檐天沟构造节点

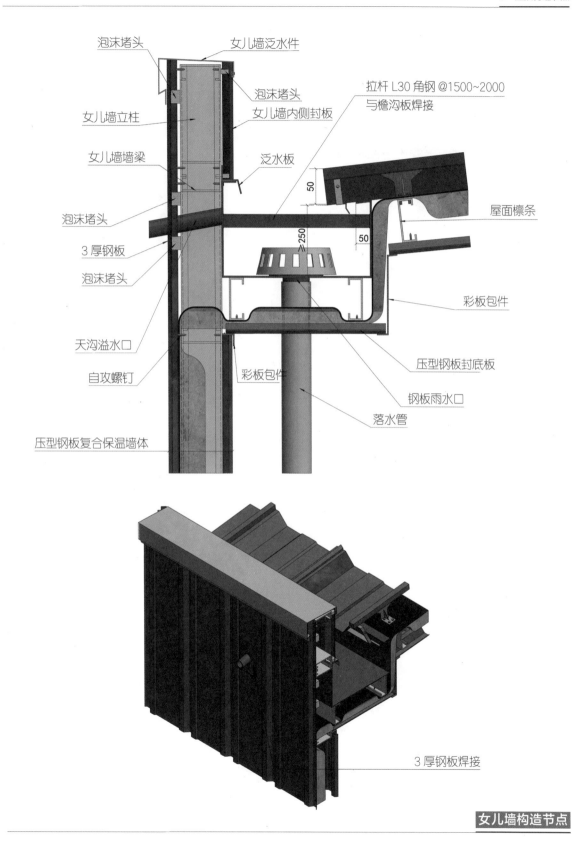

泡沫堵头
女儿墙泛水件
泡沫堵头
女儿墙内侧封板
女儿墙立柱
女儿墙墙梁
泛水板
拉杆 L30 角钢 @1500~2000
与檐沟板焊接
屋面檩条
泡沫堵头
3 厚钢板
泡沫堵头
彩板包件
天沟溢水口
压型钢板封底板
自攻螺钉
彩板包件
钢板雨水口
落水管
压型钢板复合保温墙体
50
≥250
50
3 厚钢板焊接

女儿墙构造节点

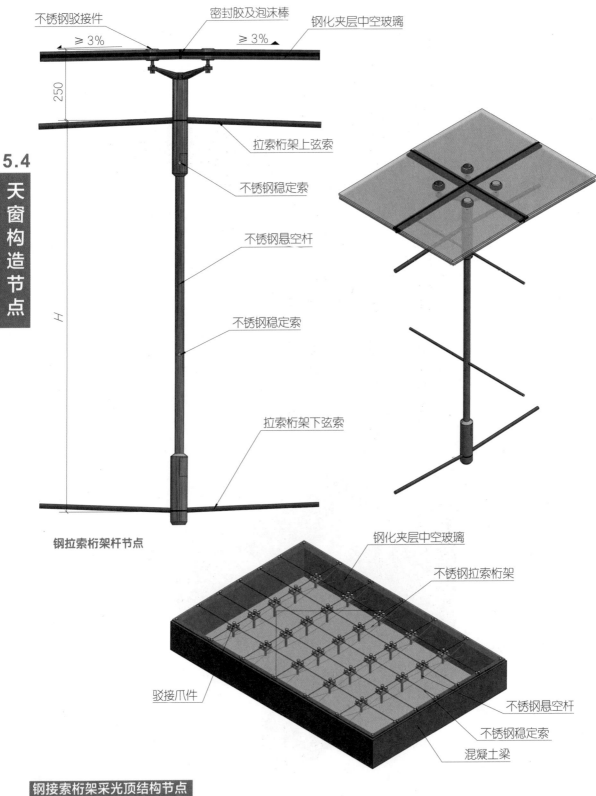

5.4 天窗构造节点

不锈钢驳接件

密封胶及泡沫棒

钢化夹层中空玻璃

≥ 3%   ≥ 3%

250

H

拉索桁架上弦索

不锈钢稳定索

不锈钢悬空杆

不锈钢稳定索

拉索桁架下弦索

钢拉索桁架杆节点

钢化夹层中空玻璃

不锈钢拉索桁架

驳接爪件

不锈钢悬空杆

不锈钢稳定索

混凝土梁

钢接索桁架采光顶结构节点

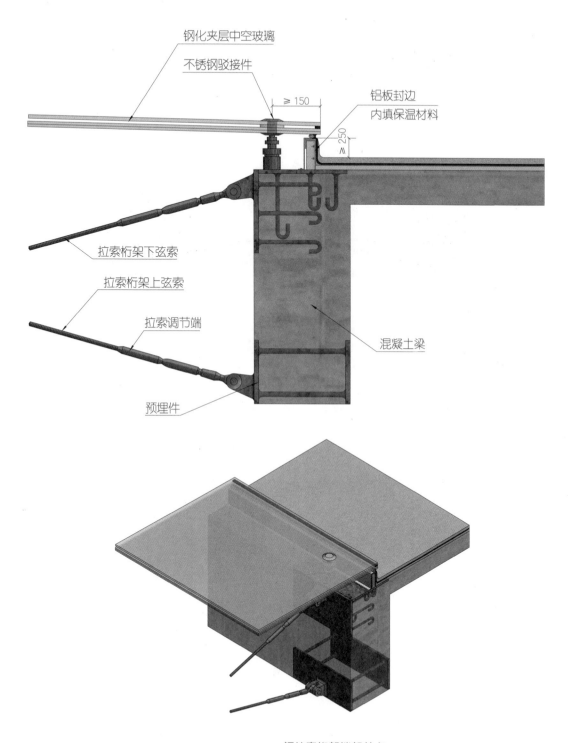

钢化夹层中空玻璃

不锈钢驳接件

≥ 150

铝板封边
内填保温材料

≥ 250

拉索桁架下弦索

拉索桁架上弦索

拉索调节端

混凝土梁

预埋件

钢拉索桁架端部节点

钢拉索拉杆结构支承玻璃采光顶构造节点

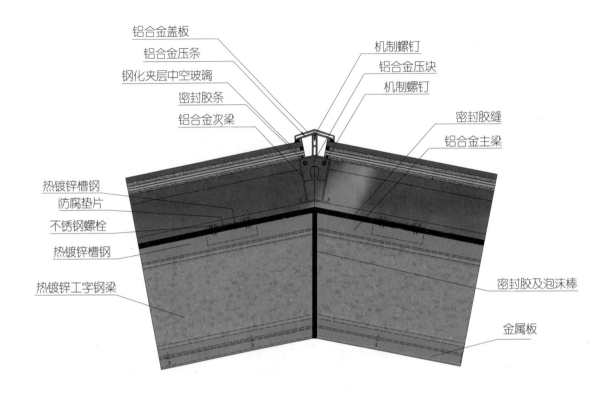

铝合金盖板
铝合金压条
钢化夹层中空玻璃
密封胶条
铝合金次梁

机制螺钉
铝合金压块
机制螺钉

密封胶缝
铝合金主梁

热镀锌槽钢
防腐垫片
不锈钢螺栓
热镀锌槽钢
热镀锌工字钢梁

密封胶及泡沫棒

金属板

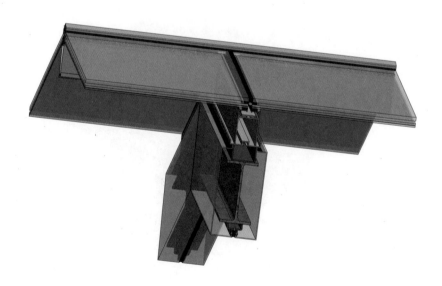

隐框双坡采光顶顶部节点

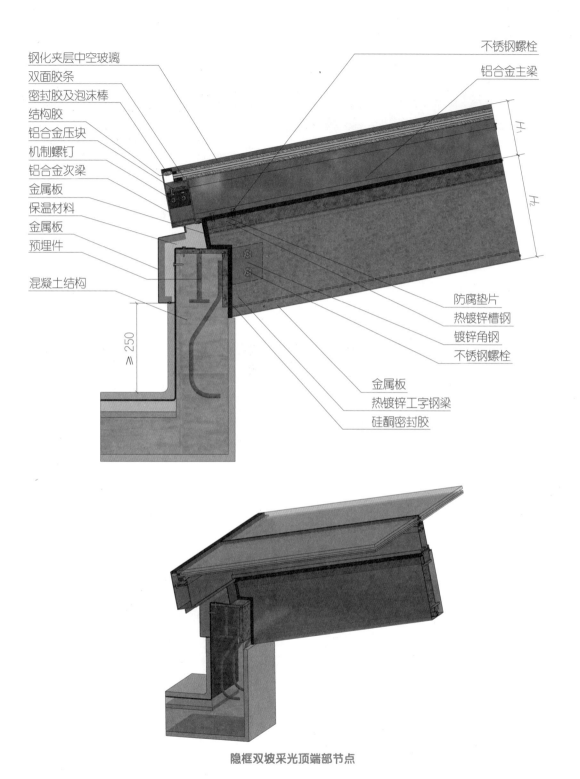

钢化夹层中空玻璃
双面胶条
密封胶及泡沫棒
结构胶
铝合金压块
机制螺钉
铝合金次梁
金属板
保温材料
金属板
预埋件

混凝土结构

≥ 250

不锈钢螺栓
铝合金主梁

H_1
H_2

防腐垫片
热镀锌槽钢
镀锌角钢
不锈钢螺栓

金属板
热镀锌工字钢梁
硅酮密封胶

隐框双坡采光顶端部节点

铝合金结构支承玻璃采光顶构造节点

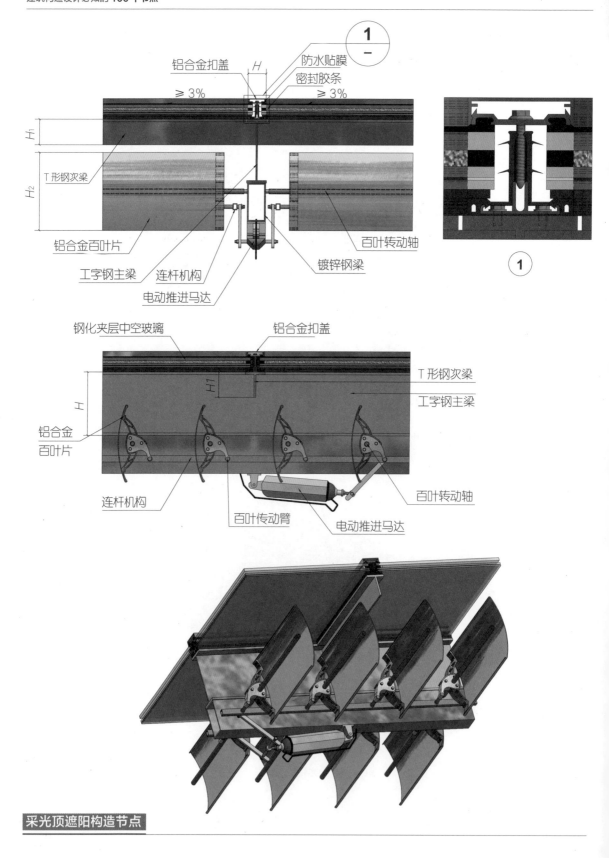

铝合金扣盖

≥ 3%

防水贴膜

密封胶条

≥ 3%

H_1

H_2

T 形钢次梁

铝合金百叶片

工字钢主梁

连杆机构

电动推进马达

百叶转动轴

镀锌钢梁

1

钢化夹层中空玻璃

铝合金扣盖

T 形钢次梁

工字钢主梁

H

铝合金
百叶片

连杆机构

百叶传动臂

电动推进马达

百叶转动轴

采光顶遮阳构造节点

6

变形缝节点设计

/////////////

6.1 楼地面变形缝构造节点

地坪伸缩缝构造节点

楼面伸缩缝构造节点

楼面防震缝构造节点

6.2 屋面、墙面变形缝构造节点

屋面变形缝构造节点

墙面变形缝构造节点

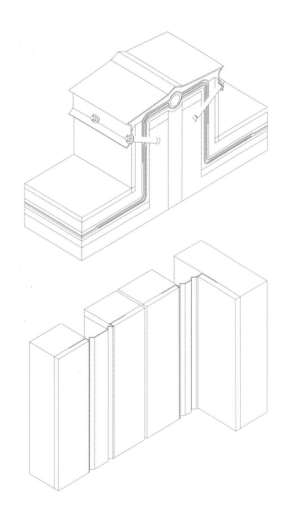

6.1

楼地面变形缝构造节点

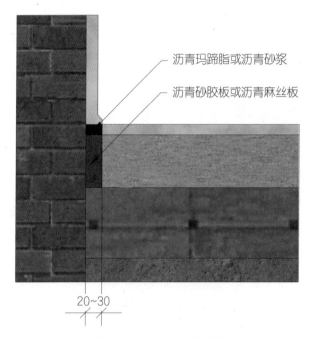

沥青玛蹄脂或沥青砂浆

沥青砂胶板或沥青麻丝板

20~30

（1）地面与墙之间的伸缩缝

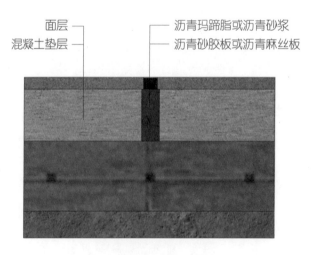

面层

混凝土垫层

沥青玛蹄脂或沥青砂浆

沥青砂胶板或沥青麻丝板

（2）地面与地面之间的伸缩缝

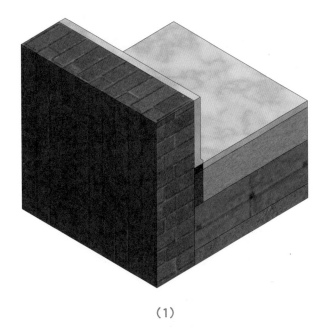

（1）

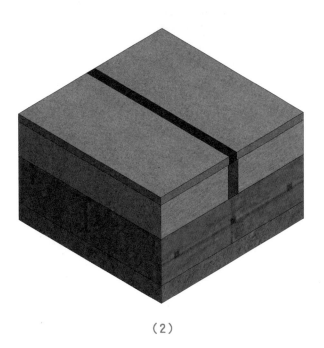

（2）

地坪伸缩缝构造节点

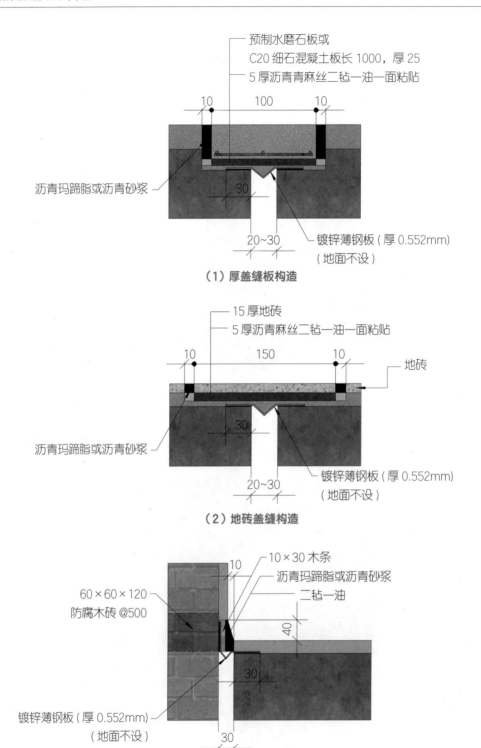

（1）厚盖缝板构造

（2）地砖盖缝构造

（3）转角结构缝构造

▲说明：当楼面为地砖或板材时，变形缝盖板选材常与之相同，盖板下垫有沥青麻丝等柔性材料。

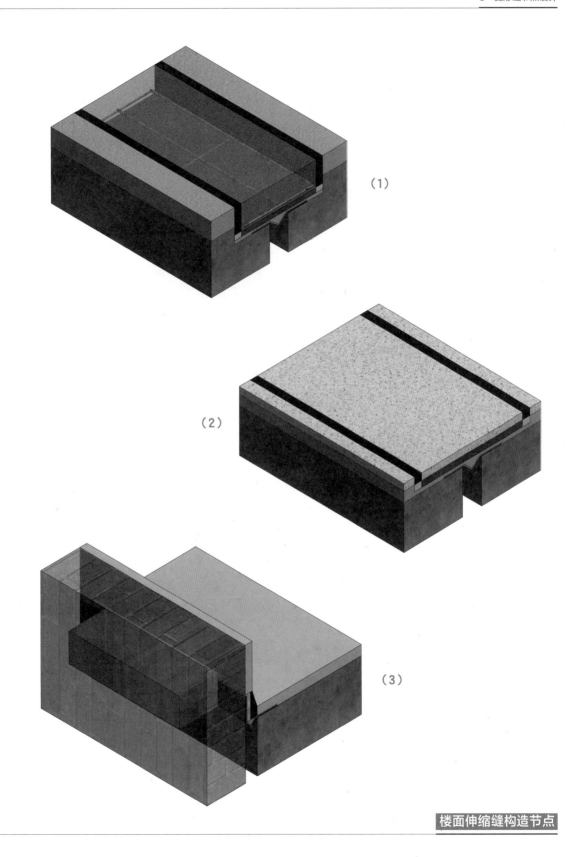

（1）

（2）

（3）

楼面伸缩缝构造节点

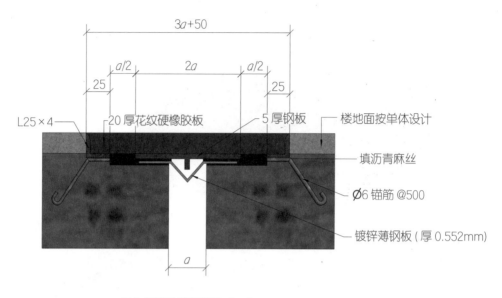

（1）橡胶盖缝板构造（一）

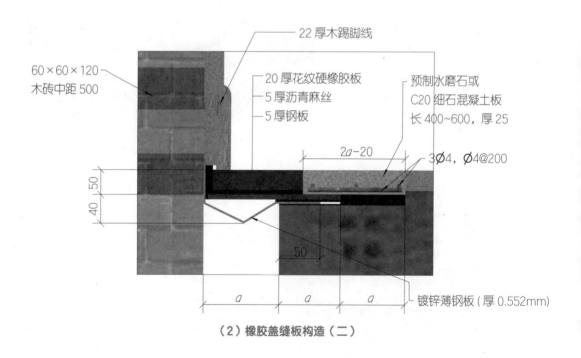

（2）橡胶盖缝板构造（二）

▲说明：为防止地震时防震缝宽度发生变化而导致损坏，可选用软性硬橡胶作为盖板。当采用与楼地面材料一致的刚性盖板时，盖板两侧应填塞不小于 1/4 缝宽的柔性材料。

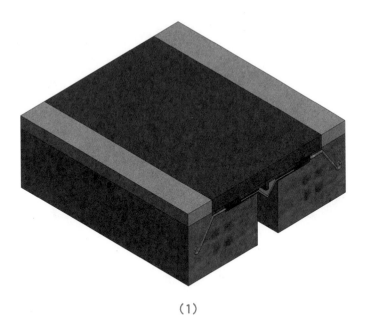

（1）

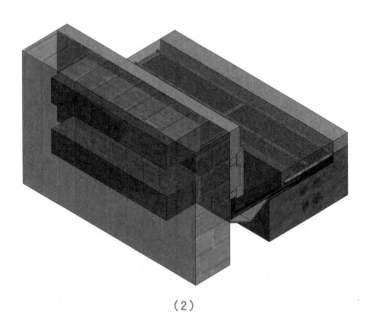

（2）

楼面防震缝构造节点（1）

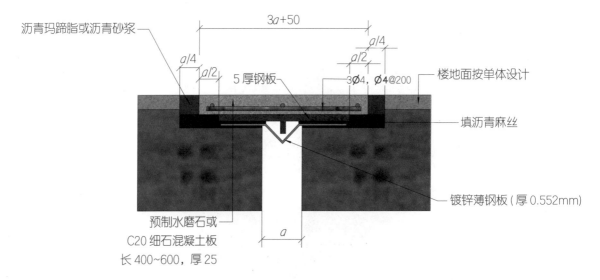

沥青玛蹄脂或沥青砂浆

$3a+50$

$a/4$

$a/2$　$a/4$

5 厚钢板

$3\phi4, \phi4@200$

楼地面按单体设计

$a/4$

$a/2$

填沥青麻丝

镀锌薄钢板（厚 0.552mm）

预制水磨石或
C20 细石混凝土板
长 400~600，厚 25

a

（3）混凝土盖缝板构造（一）

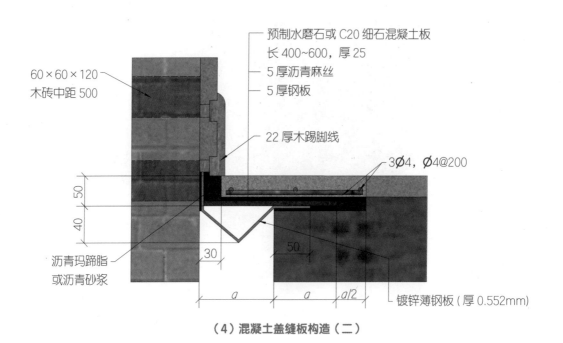

$60×60×120$
木砖中距 500

预制水磨石或 C20 细石混凝土板
长 400~600，厚 25

5 厚沥青麻丝

5 厚钢板

22 厚木踢脚线

$3\phi4, \phi4@200$

50

40

沥青玛蹄脂
或沥青砂浆

30

50

a　a　$a/2$

镀锌薄钢板（厚 0.552mm）

（4）混凝土盖缝板构造（二）

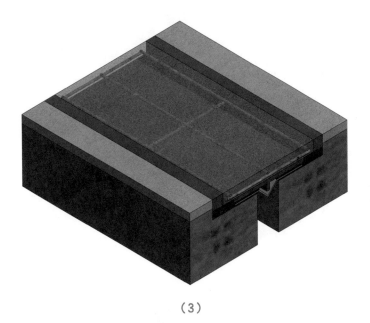

（3）

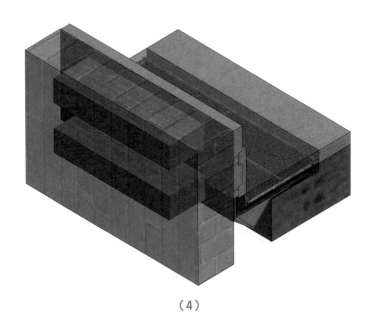

（4）

楼面防震缝构造节点（2）

6.2 屋面、墙面变形缝构造节点

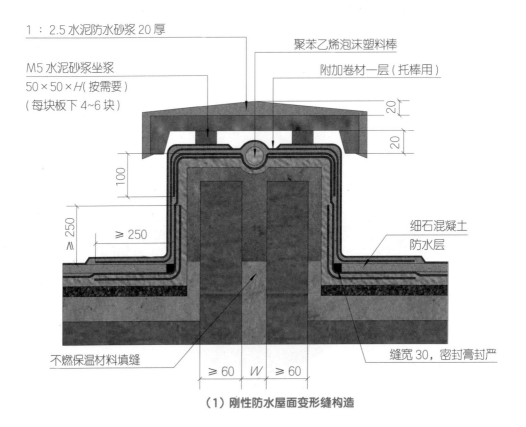

1：2.5 水泥防水砂浆 20 厚

M5 水泥砂浆坐浆
50×50×H（按需要）
（每块板下 4~6 块）

聚苯乙烯泡沫塑料棒

附加卷材一层（托棒用）

20

20

100

≥250

≥250

细石混凝土
防水层

不燃保温材料填缝

缝宽 30，密封膏封严

≥60　W　≥60

（1）刚性防水屋面变形缝构造

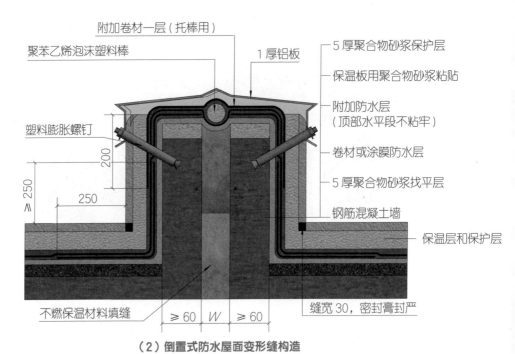

附加卷材一层（托棒用）

聚苯乙烯泡沫塑料棒

1 厚铝板

5 厚聚合物砂浆保护层

保温板用聚合物砂浆粘贴

附加防水层
（顶部水平段不粘牢）

塑料膨胀螺钉

卷材或涂膜防水层

5 厚聚合物砂浆找平层

钢筋混凝土墙

保温层和保护层

200

≥250

250

不燃保温材料填缝

缝宽 30，密封膏封严

≥60　W　≥60

（2）倒置式防水屋面变形缝构造

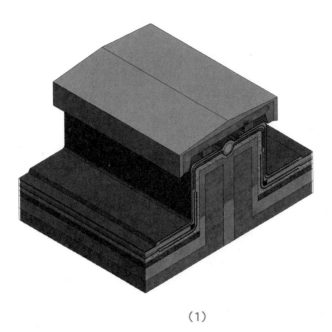

（1）

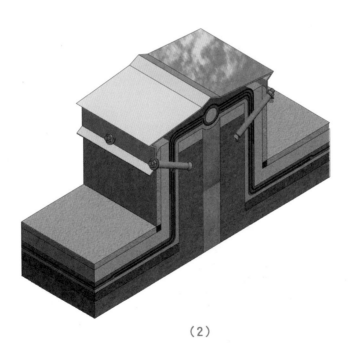

（2）

等高屋面变形缝构造节点

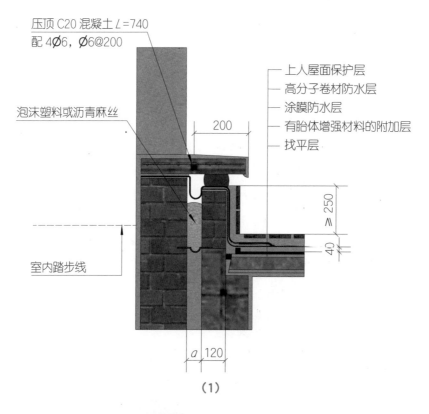

（1）

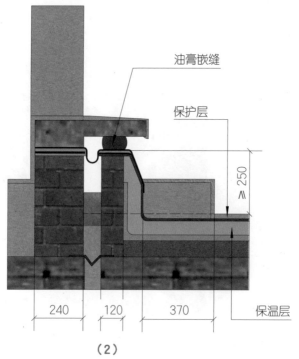

（2）

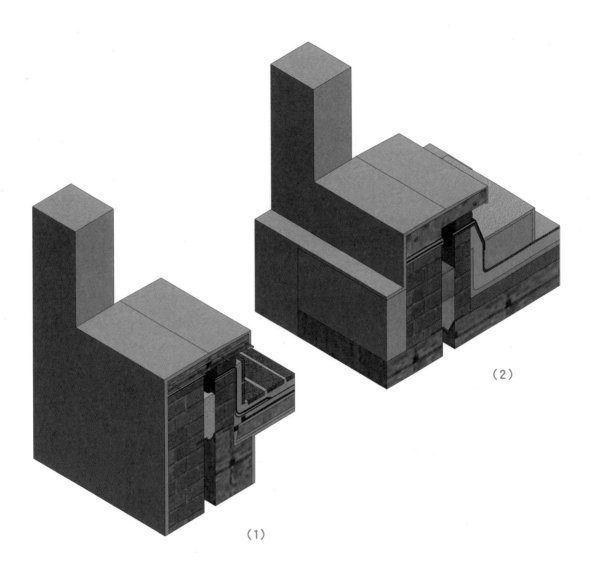

（1）

（2）

上人屋面水平出入口处变形缝构造节点

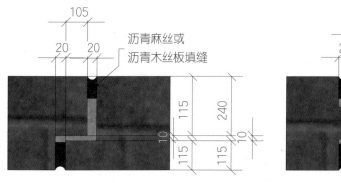

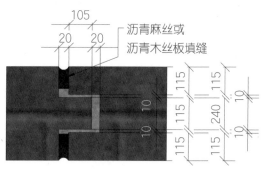

（1）错口缝

（2）企口缝

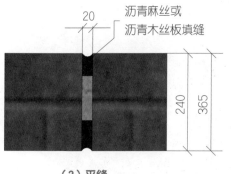

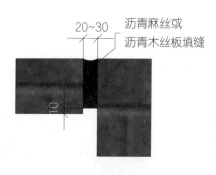

（3）平缝

（4）清水外墙

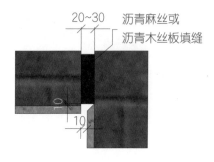

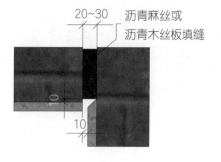

（5）抹灰外墙

（6）面砖外墙

▲说明：外墙厚度为一砖半以上时，应设计成错口缝或企口缝形式，厚度为一砖时做成平缝。为防止透风和水蒸气，缝内用沥青麻丝等有弹性且防渗漏的材料填塞。

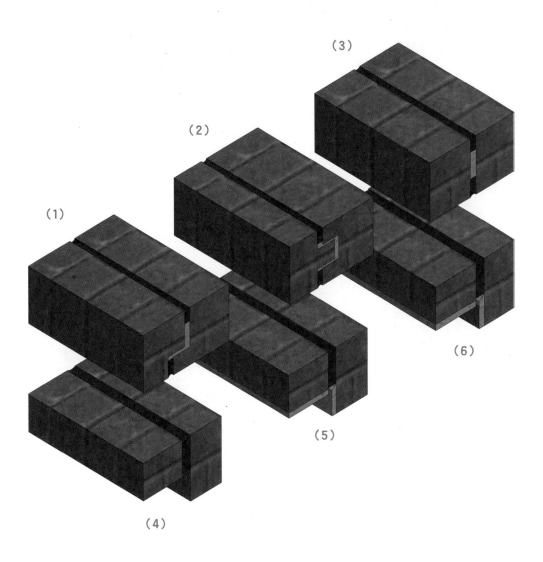

（1）　（2）　（3）　（4）　（5）　（6）

外墙墙体伸缩缝构造节点

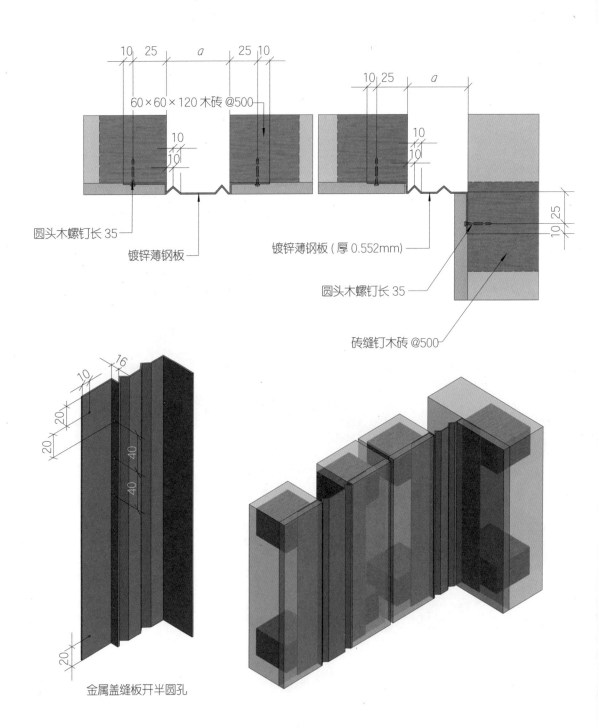

10 25 _a_ 25 10

60×60×120 木砖 @500

10

10

圆头木螺钉长 35

镀锌薄钢板

10 25 _a_

10

10

镀锌薄钢板 (厚 0.552mm)

10 25

圆头木螺钉长 35

砖缝钉木砖 @500

16

10

20

20

40

40

40

20

金属盖缝板开半圆孔

▲说明：吊顶虽不是承重构件，但根据变形缝设置原则，吊顶也须断开设缝。吊顶变形缝应结合所在建筑空间的顶部装修进行设计。

外墙防震缝构造节点

7

建筑结构抗震概念节点设计

7.1 非结构构件抗震节点

 主体与填充墙刚性连接节点

 主体与填充墙柔性连接节点

7.2 楼梯间抗震节点

 滑动支座构造节点

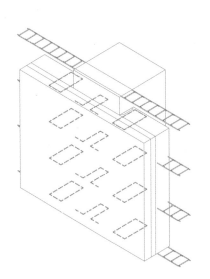

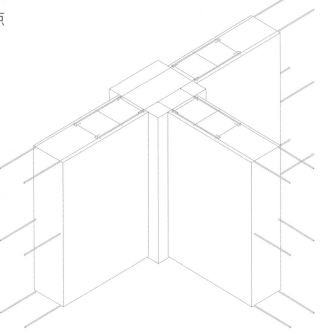

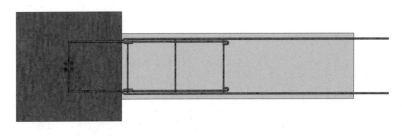

（1）

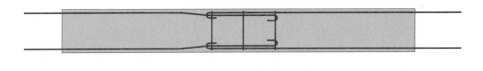

（2）

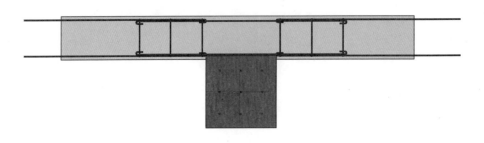

（3）

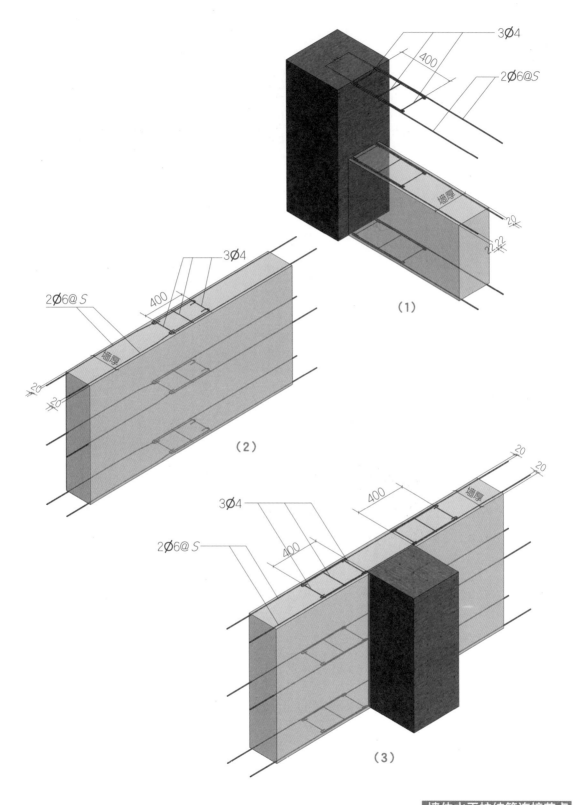

（1）

（2）

（3）

墙体水平拉结筋连接节点

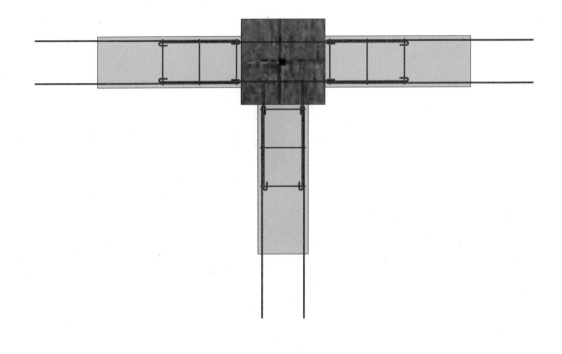

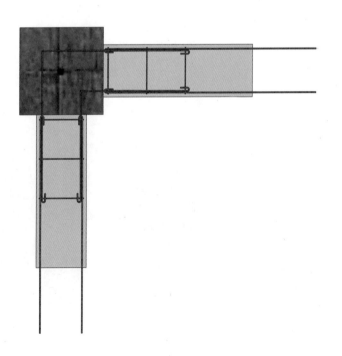

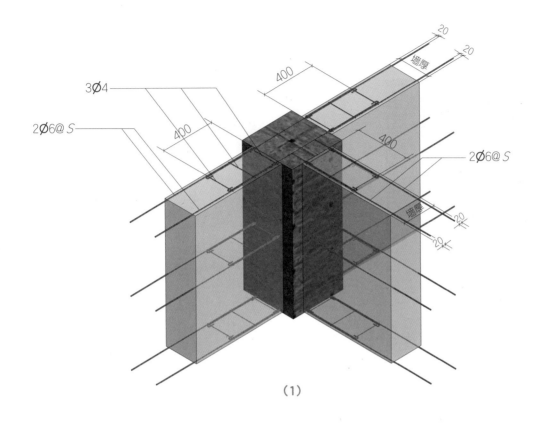

3Ø4

2Ø6@ S

400

400

400

墙厚

2Ø6@ S

墙厚

20

20

20

20

（1）

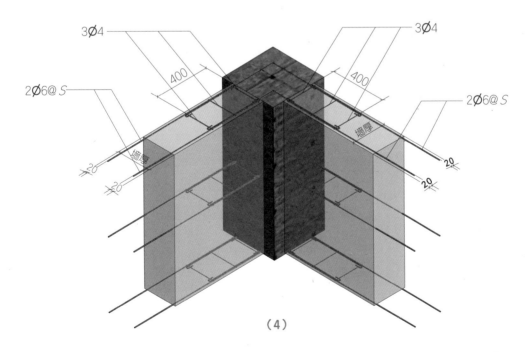

3Ø4

3Ø4

2Ø6@ S

2Ø6@ S

400

400

墙厚

墙厚

20

20

20

20

（4）

填充墙与框架柱拉结节点

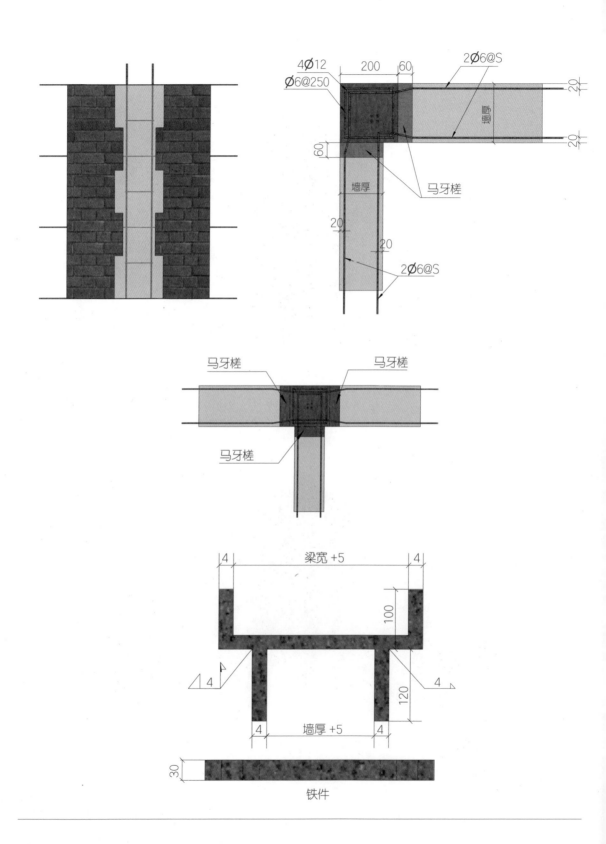

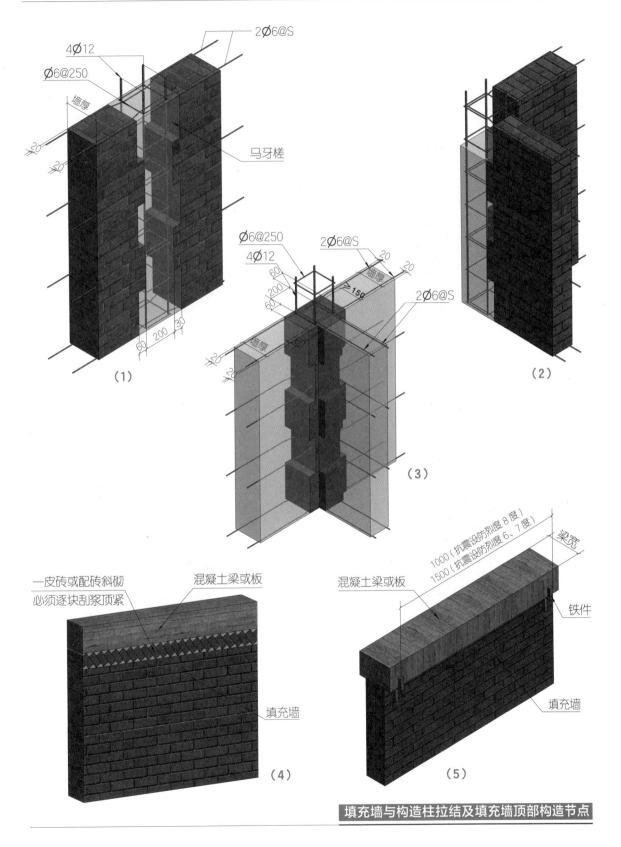

（1）

（2）

（3）

（4）

（5）

填充墙与构造柱拉结及填充墙顶部构造节点

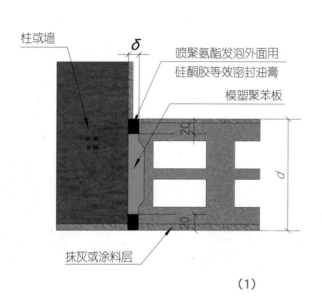

柱或墙

δ

喷聚氨酯发泡外面用
硅酮胶等效密封油膏

模塑聚苯板

20

d

20

抹灰或涂料层

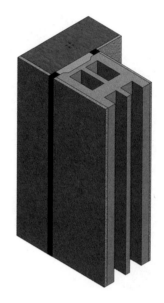

（1）

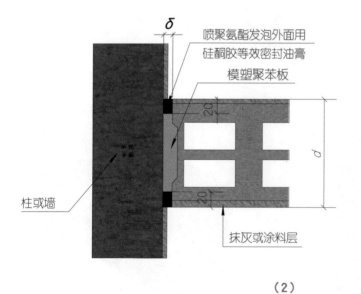

δ

喷聚氨酯发泡外面用
硅酮胶等效密封油膏

模塑聚苯板

20

d

柱或墙

20

抹灰或涂料层

（2）

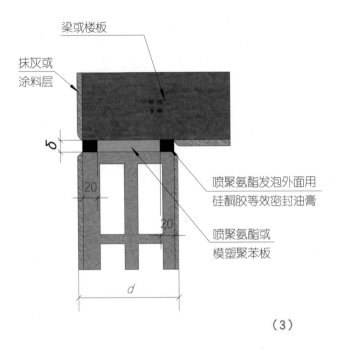

梁或楼板

抹灰或
涂料层

δ

20

20

喷聚氨酯发泡外面用
硅酮胶等效密封油膏

喷聚氨酯或
模塑聚苯板

d

（3）

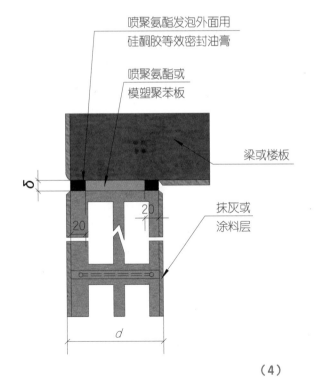

喷聚氨酯发泡外面用
硅酮胶等效密封油膏

喷聚氨酯或
模塑聚苯板

梁或楼板

δ

20

20

抹灰或
涂料层

d

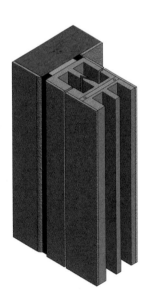

（4）

墙柱（梁）间缝隙柔性构造节点

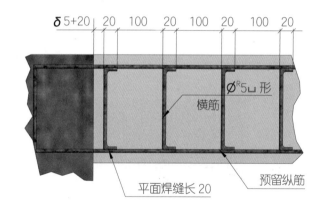

δ5+20 20 100 20 100 20 100 20

Ø^R5凵 形
横筋

平面焊缝长 20

预留纵筋

拉结网片成型示意图

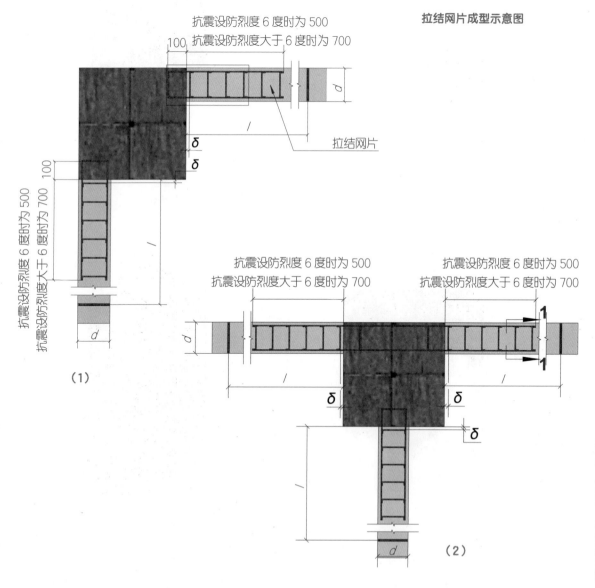

抗震设防烈度 6 度时为 500
抗震设防烈度大于 6 度时为 700

100

拉结网片

l

d

δ

δ

抗震设防烈度 6 度时为 500
抗震设防烈度大于 6 度时为 700

100

l

d

（1）

抗震设防烈度 6 度时为 500
抗震设防烈度大于 6 度时为 700

抗震设防烈度 6 度时为 500
抗震设防烈度大于 6 度时为 700

d

l

l

δ

δ

δ

l

d

1

1

（2）

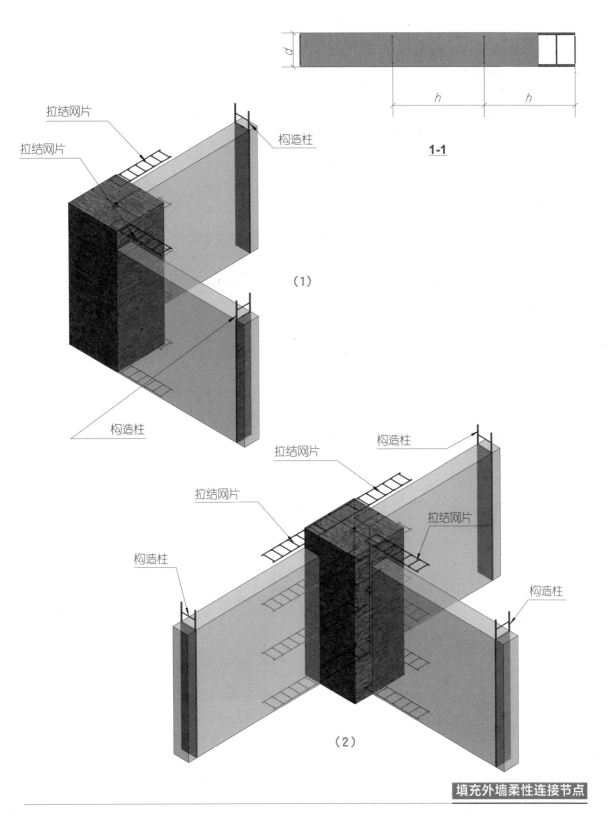

1-1

（1）

（2）

拉结网片

拉结网片

构造柱

构造柱

拉结网片

拉结网片

拉结网片

构造柱

构造柱

构造柱

填充外墙柔性连接节点

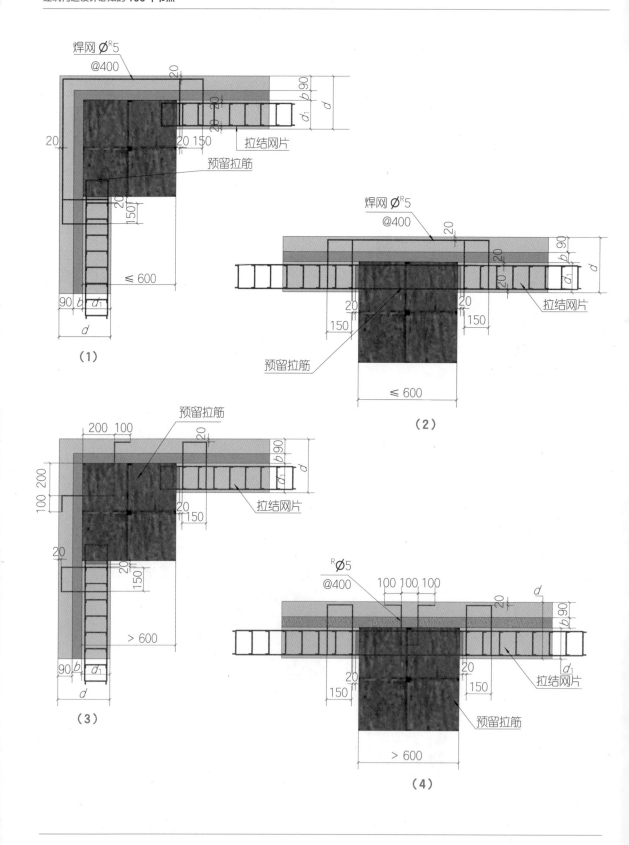

（1）

（2）

（3）

（4）

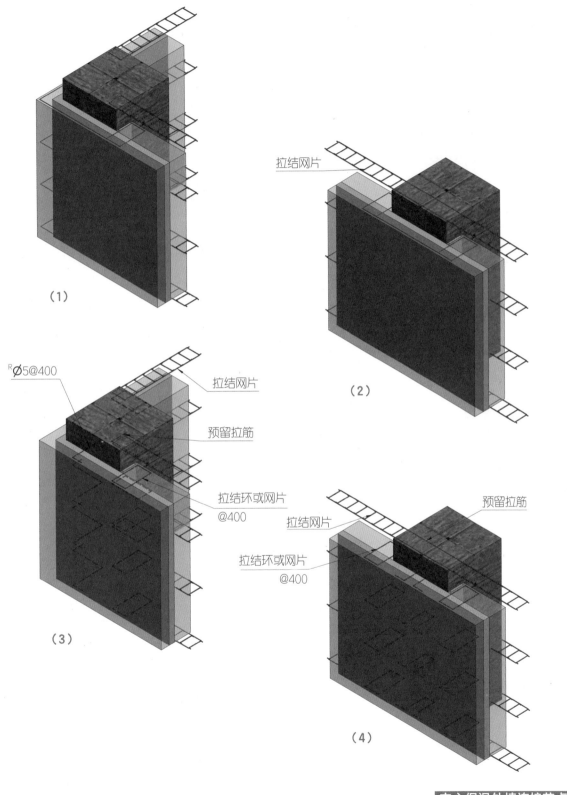

（1）

拉结网片

（2）

ᴿ⌀5@400

拉结网片

预留拉筋

拉结环或网片
@400

（3）

预留拉筋

拉结网片

拉结环或网片
@400

（4）

夹心保温外墙连接节点

7.2

楼梯间抗震节点

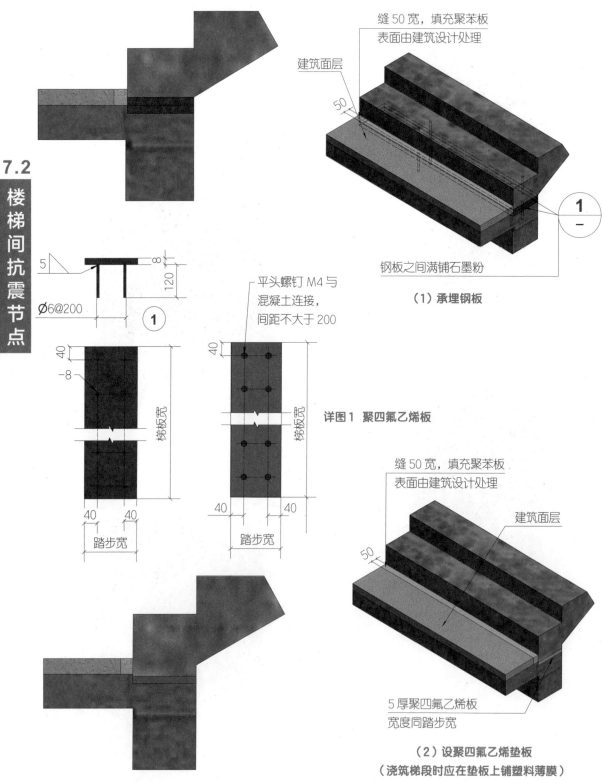

缝 50 宽，填充聚苯板
表面由建筑设计处理

建筑面层

50

钢板之间满铺石墨粉

（1）承埋钢板

5

8

120

Ø6@200

1

40

−8

40

40

梯板宽

踏步宽

平头螺钉 M4 与
混凝土连接，
间距不大于 200

40

梯板宽

40

40

踏步宽

详图 1　聚四氟乙烯板

缝 50 宽，填充聚苯板
表面由建筑设计处理

建筑面层

50

5 厚聚四氟乙烯板
宽度同踏步宽

（2）设聚四氟乙烯垫板
（浇筑梯段时应在垫板上铺塑料薄膜）

滑动支座构造节点

8

建筑物的防水、防潮构造节点

8.1 地下室防水、防潮构造节点

 地下室防水构造节点

 地下室防潮构造节点

 地下室防水细部构造节点

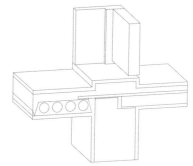

8.2 墙体、楼板层和平屋面防水、防潮构造节点

 楼板层防水构造节点

 平屋面防水构造节点

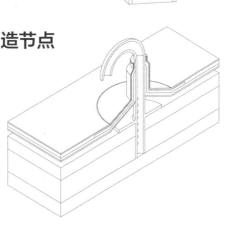

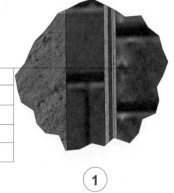

砖墙
水泥砂浆找平
基层处理剂一道
卷材防水
水泥砂浆保护层
砖墙保护层

①

地面
钢筋混凝土底板
50 厚混凝土
卷材防水层
20 厚水泥砂浆找平
100 厚混凝土垫层

②

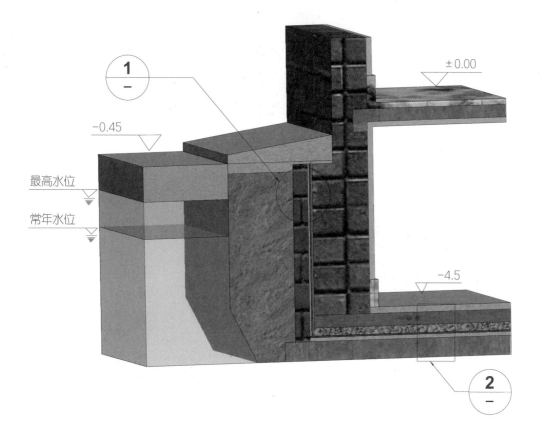

±0.00

−0.45

最高水位

常年水位

−4.5

地下室地面低于最高地下水位的防水层设计节点

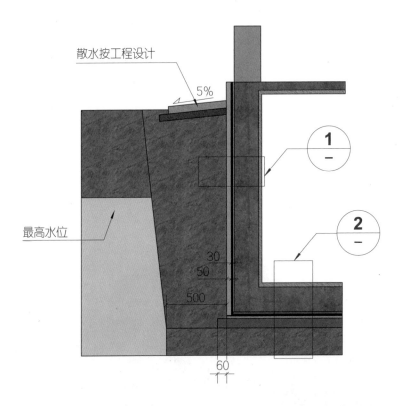

散水按工程设计

5%

最高水位

1
—

2
—

30
50
500
60

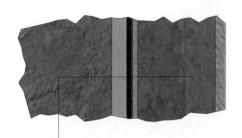

—— 钢筋混凝土墙体按工程设计
—— 20 厚水 1：3 泥砂浆抹面
—— 刷基层处理剂一道
—— 卷材防水层
—— 50 厚聚苯保护层
—— 2：8 灰土或黏土分层夯实

—— 钢筋混凝土底板按工程设计
—— 40 厚 C20 细石混凝土保护层
—— 卷材防水层
—— 刷基层处理剂一道
—— 20 厚 1：3 水泥砂浆找平层
—— 100 厚 C15 细石混凝土垫层
—— 素土夯实

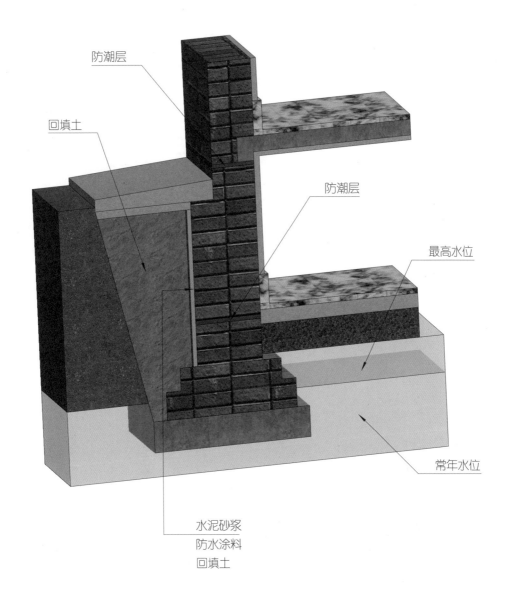

防潮层

回填土

防潮层

最高水位

常年水位

水泥砂浆
防水涂料
回填土

地下室防潮设计节点

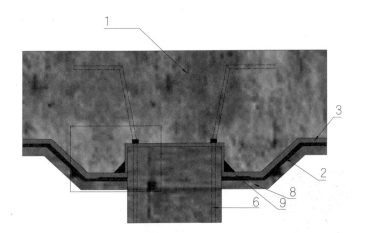

1 结构底板
2 主体结构底板防水层
3 细石混凝土保护层
4 聚合物水泥砂浆
5 水泥基渗透结晶型防水涂料
6 桩基受力筋
7 遇水膨胀止水条（胶）
8 混凝土垫层
9 密封材料

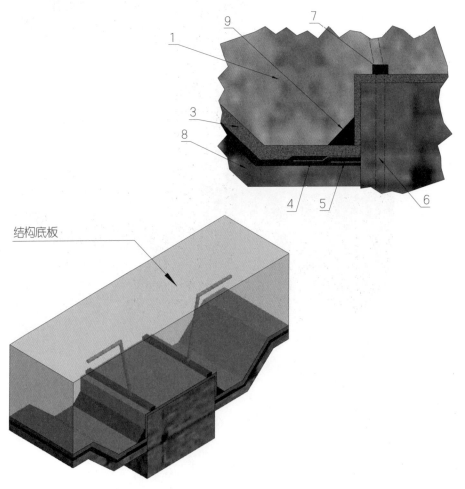

结构底板

▲说明：变形缝处混凝土结构的厚度不应小于 30mm。用于沉降的变形缝，其最大允许沉降差不应大于 30mm，当计算沉降差大于 30mm 时，应在设计时采取措施。

桩头防水构造节点

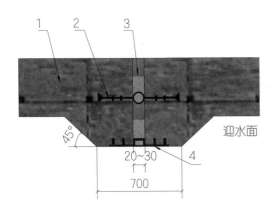

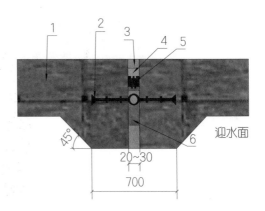

中埋式止水带与外贴防水层遇水膨胀橡胶条、嵌缝材料复合使用

外贴式止水带 $L>300$，外贴防水卷材 $L>400$，外防水涂层 $L>400$

1- 混凝土结构；2- 中埋式止水带；3- 嵌缝材料；

4- 背衬材料；5- 遇水膨胀橡胶条；6- 填缝材料

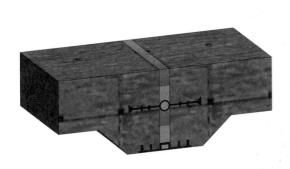

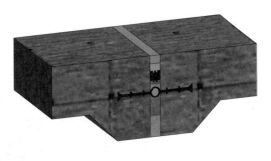

地下室结构主体变形缝的防水设计节点

8.2

墙体、楼板层和平屋面防水、防潮构造节点

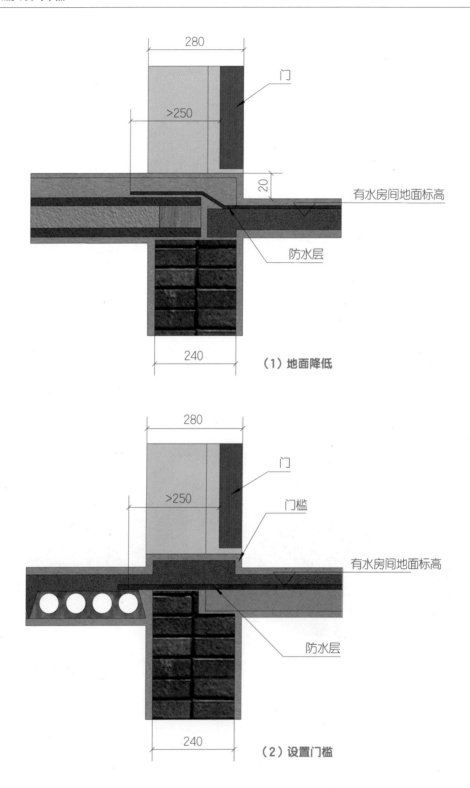

280

门

>250

20

有水房间地面标高

防水层

240

（1）地面降低

280

门

门槛

>250

有水房间地面标高

防水层

240

（2）设置门槛

▲说明：有地面积水的楼面标高一般应低于相邻房间或走道 20mm 或做挡水槛。

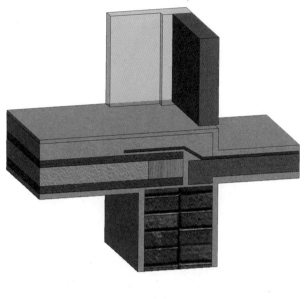

（1）

（2）

有水房间楼板层的防水处理节点

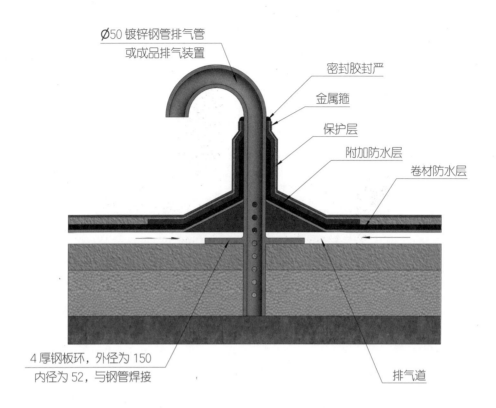

∅50 镀锌钢管排气管
或成品排气装置

密封胶封严

金属箍

保护层

附加防水层

卷材防水层

4 厚钢板环，外径为 150
内径为 52，与钢管焊接

排气道

卷材、涂膜防水屋面排气措施节点

9

建筑保温隔热节点设计

9.1 建筑保温构造节点

 屋顶保温构造节点

 门窗保温构造节点

 楼地面保温构造节点

9.2 太阳能利用

 光伏构件安装节点

9.3 屋面隔热、防水构造节点

 屋面结构隔热构造节点

 屋面防水种植构造节点

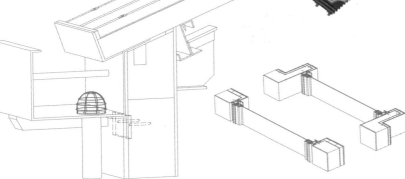

9.1

建筑保温构造节点

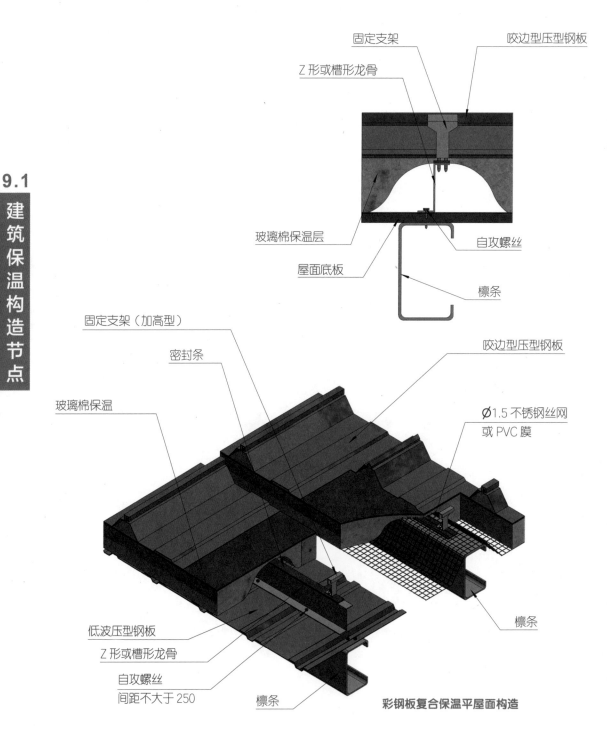

固定支架　　　　咬边型压型钢板

Z 形或槽形龙骨

玻璃棉保温层　　　　自攻螺丝

屋面底板

檩条

固定支架（加高型）

密封条

玻璃棉保温

咬边型压型钢板

∅1.5 不锈钢丝网
或 PVC 膜

低波压型钢板

Z 形或槽形龙骨

自攻螺丝
间距不大于 250

檩条

檩条

彩钢板复合保温平屋面构造

▲说明：彩钢保温夹芯板屋面所使用的彩钢保温夹芯板以上下两层 0.6mm 厚的彩色钢板为表层，以阻燃聚苯乙烯泡沫塑料板为芯层，板跨为 6m。在施工时，屋面、天沟以及天窗防水用特制的高强度密封胶解决。

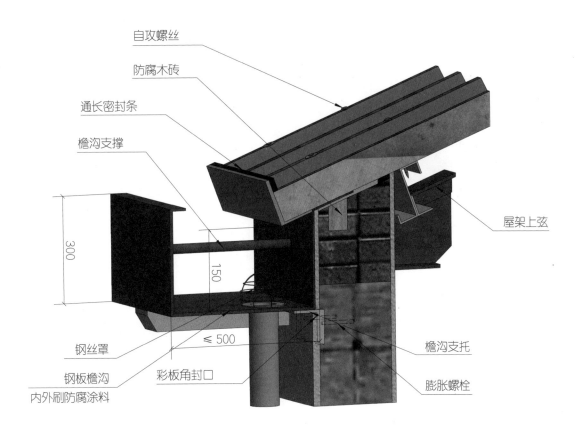

自攻螺丝

防腐木砖

通长密封条

檐沟支撑

300

150

屋架上弦

钢丝罩

钢板檐沟

内外刷防腐涂料

≤ 500

彩板角封口

檐沟支托

膨胀螺栓

彩钢板复合保温坡屋面构造

彩钢板复合保温屋面构造节点

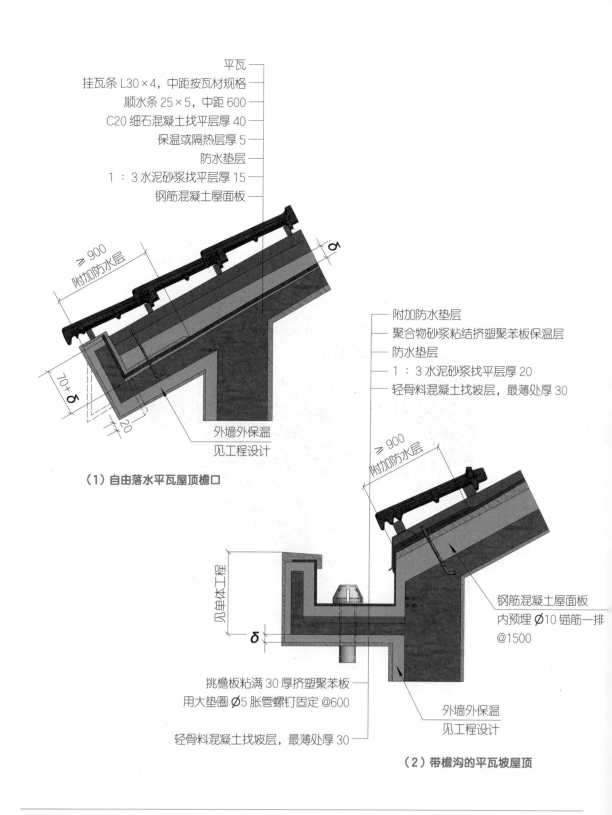

平瓦

挂瓦条 L30×4，中距按瓦材规格

顺水条 25×5，中距 600

C20 细石混凝土找平层厚 40

保温或隔热层厚 5

防水垫层

1：3 水泥砂浆找平层厚 15

钢筋混凝土屋面板

≥ 900
附加防水层

70+δ

20

外墙外保温
见工程设计

（1）自由落水平瓦屋顶檐口

附加防水垫层

聚合物砂浆粘结挤塑聚苯板保温层

防水垫层

1：3 水泥砂浆找平层厚 20

轻骨料混凝土找坡层，最薄处厚 30

≥ 900
附加防水层

见单体工程

δ

钢筋混凝土屋面板
内预埋 Ø10 锚筋一排
@1500

挑檐板粘满 30 厚挤塑聚苯板
用大垫圈 Ø5 胀管螺钉固定 @600

轻骨料混凝土找坡层，最薄处厚 30

外墙外保温
见工程设计

（2）带檐沟的平瓦坡屋顶

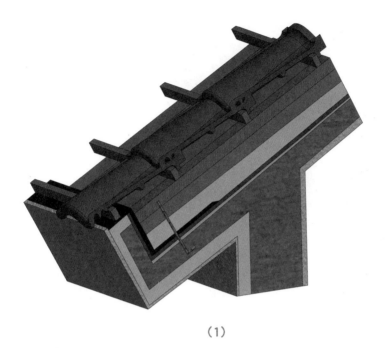

（1）

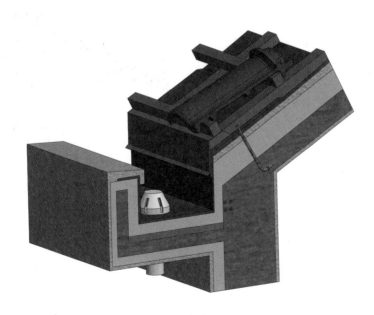

（2）

平瓦屋面檐口、檐沟保温做法

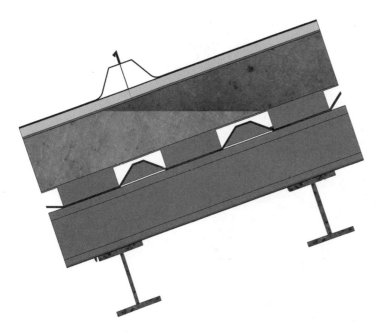

（1）混凝土坡屋顶保温做法

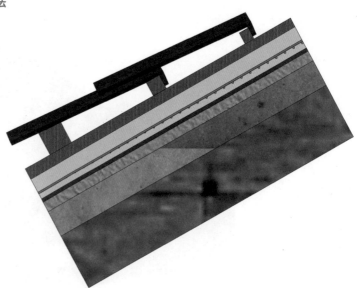

（2）金属坡屋面保温做法

混凝土瓦，以专用螺钉或双股 18 铜丝与挂瓦条固定
挂瓦条 30×30，中距按瓦材规格，与顺水条固定
顺水条 40×20@500，与持钉层固定
40 厚 C20 细石混凝土持钉层，内配 ∅4 钢筋网与屋面
板内预埋 ∅10 的钢筋头连接，表面粉平压光
1.5 厚高分子自黏橡胶复合防水卷材
15 厚 1:3 水泥砂浆找平层
高阻燃挤塑苯板（燃烧性能 B1 级）
现浇钢筋混凝土屋面板，屋面板预埋 ∅10 钢筋头
@900×900，伸出保温隔热层 30

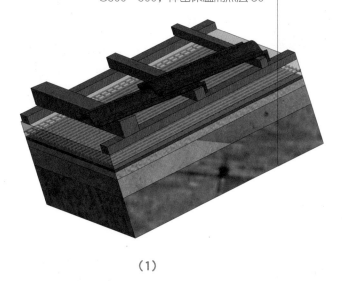

（1）

直立锁边屋面板
铝合金 T 码（带隔热垫）
1.5 厚高分子自黏贴防水卷材一层
100 厚离心玻璃棉保温层
防水透气膜、镀锌钢丝网
衬檩，有衬檩支托
波纹金属板
C 形檩
工字钢梁

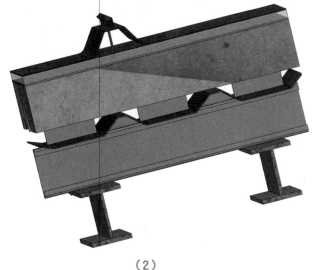

（2）

坡屋顶保温构造做法

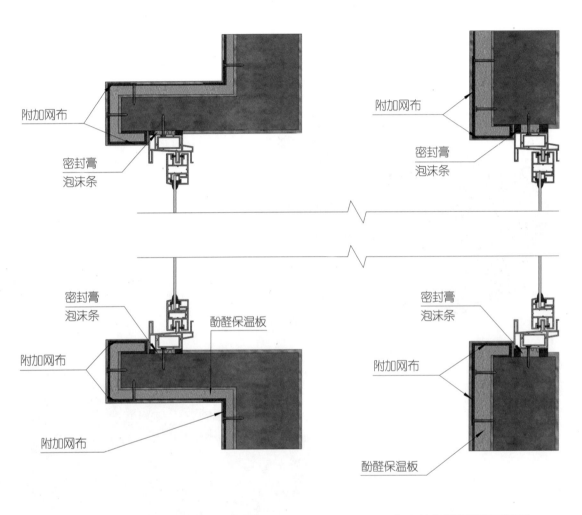

附加网布

密封膏
泡沫条

密封膏
泡沫条

酚醛保温板

附加网布

附加网布

附加网布

密封膏
泡沫条

附加网布

酚醛保温板

（1）飘窗保温细部构造　　　　　　　　（2）外窗周围保温细部构造

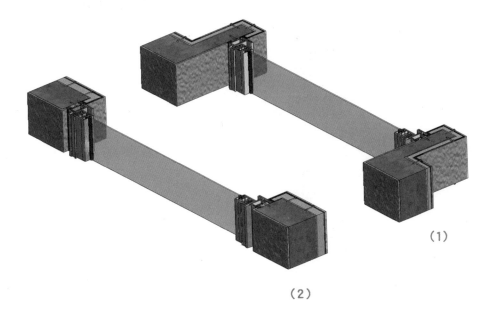

（1）

（2）

窗洞口保温构造节点

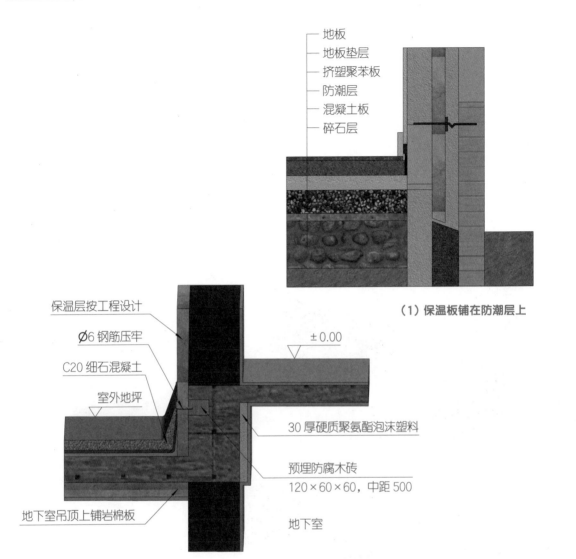

地板
地板垫层
挤塑聚苯板
防潮层
混凝土板
碎石层

（1）保温板铺在防潮层上

保温层按工程设计
Ø6 钢筋压牢
C20 细石混凝土
室外地坪
地下室吊顶上铺岩棉板

± 0.00
30 厚硬质聚氨酯泡沫塑料
预埋防腐木砖
120×60×60，中距 500
地下室

（2）带地下室的底层地面

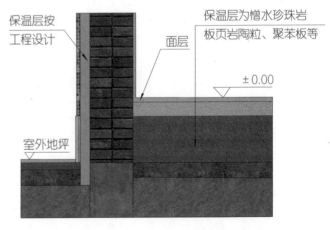

保温层按工程设计
室外地坪
面层
保温层为憎水珍珠岩
板页岩陶粒、聚苯板等
± 0.00

（3）接触室外空气地面

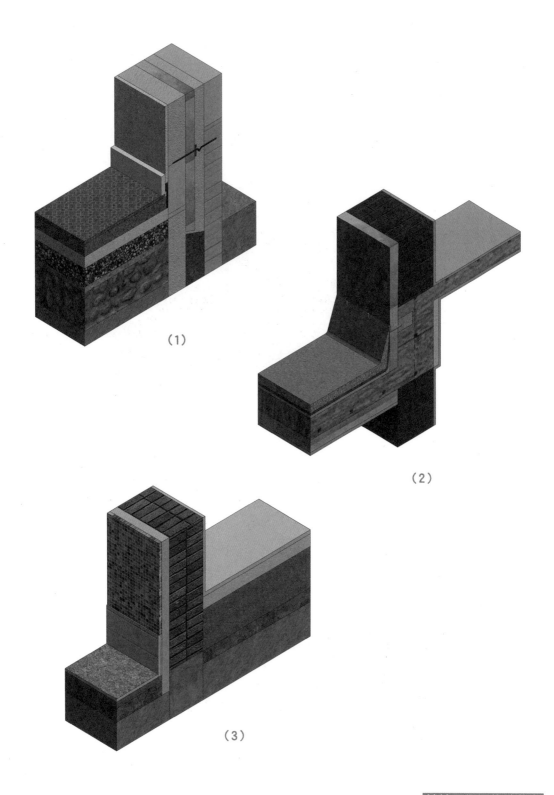

（1）

（2）

（3）

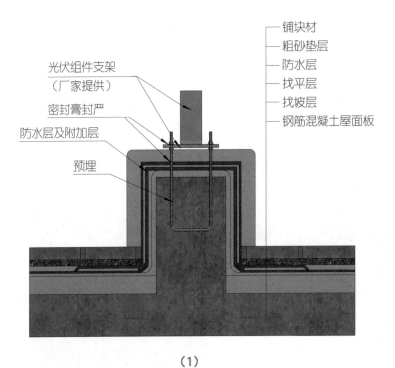

铺块材
粗砂垫层
防水层
找平层
找坡层
钢筋混凝土屋面板

光伏组件支架
（厂家提供）

密封膏封严

防水层及附加层

预埋

（1）

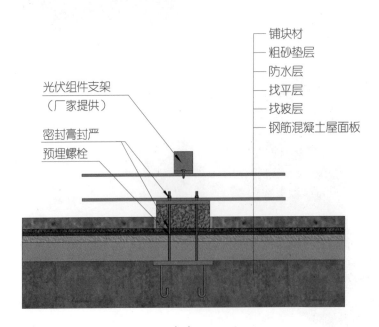

铺块材
粗砂垫层
防水层
找平层
找坡层
钢筋混凝土屋面板

光伏组件支架
（厂家提供）

密封膏封严
预埋螺栓

（2）

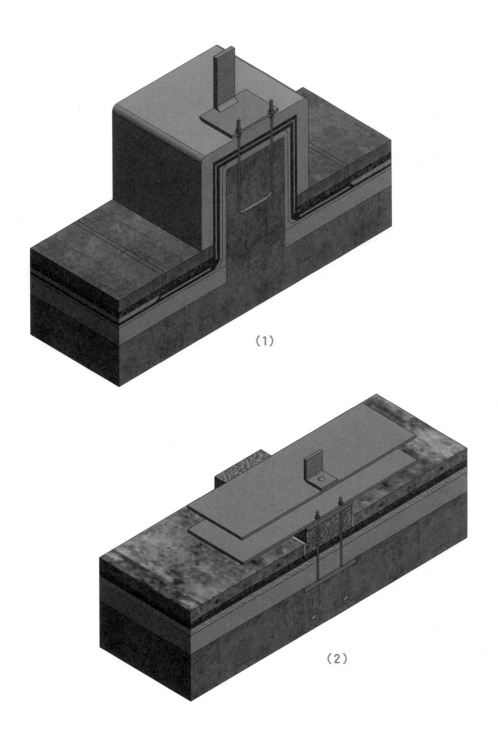

（1）

（2）

典型的建筑预留光伏陈列安装基础的构造节点

9.3

屋面隔热、防水构造节点

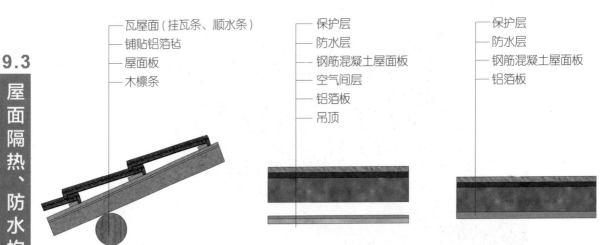

瓦屋面（挂瓦条、顺水条）
铺贴铝箔毡
屋面板
木檩条

保护层
防水层
钢筋混凝土屋面板
空气间层
铝箔板
吊顶

保护层
防水层
钢筋混凝土屋面板
铝箔板

（1）坡屋顶铝箔隔热屋面　　　（2）有空气间层的铝箔隔热屋面　（3）直接贴在板底的铝箔隔热屋面

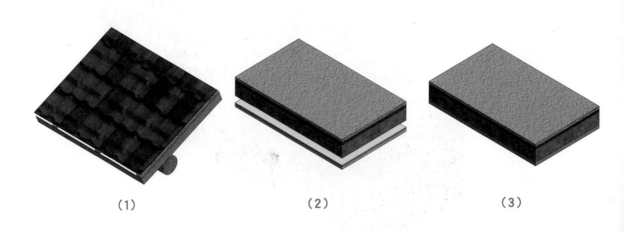

（1）　　　　　　　　　　　（2）　　　　　　　　　　　（3）

铝箔隔热屋面节点

（1）兜风隔热屋顶

（2）架空隔热屋顶

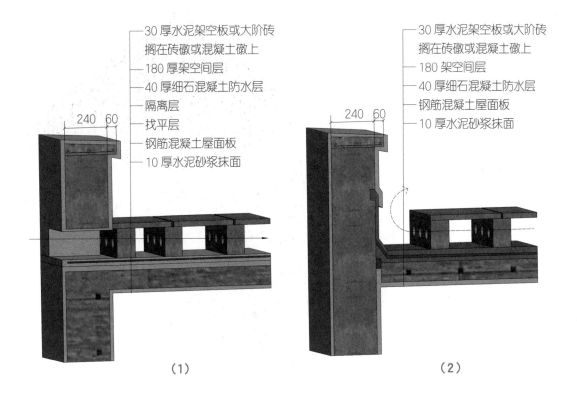

30 厚水泥架空板或大阶砖
搁在砖礅或混凝土礅上
180 厚架空间层
40 厚细石混凝土防水层
隔离层
找平层
钢筋混凝土屋面板
10 厚水泥砂浆抹面

240　60

（1）

30 厚水泥架空板或大阶砖
搁在砖礅或混凝土礅上
180 架空间层
40 厚细石混凝土防水层
钢筋混凝土屋面板
10 厚水泥砂浆抹面

240　60

（2）

屋面结构隔热构造节点

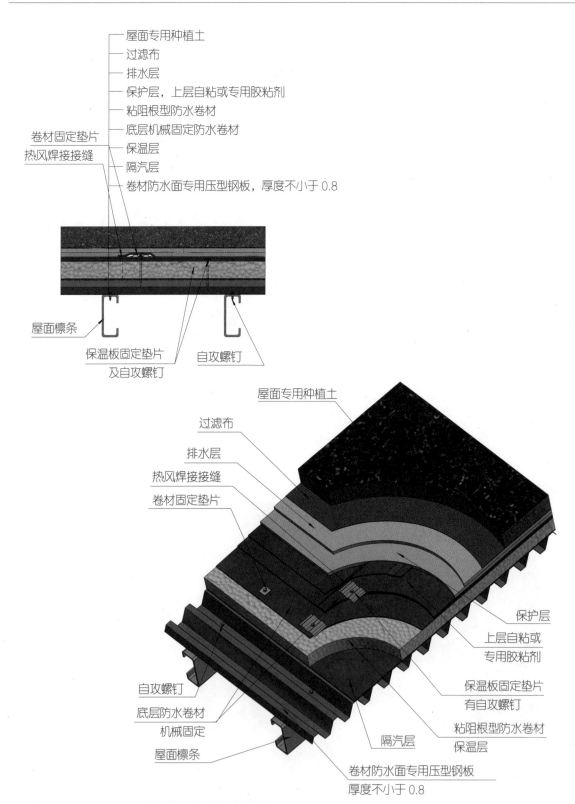

屋面专用种植土

过滤布

排水层

保护层，上层自粘或专用胶粘剂

粘阻根型防水卷材

底层机械固定防水卷材

卷材固定垫片

热风焊接接缝

保温层

隔汽层

卷材防水面专用压型钢板，厚度不小于 0.8

屋面檩条

保温板固定垫片
及自攻螺钉

自攻螺钉

屋面专用种植土

过滤布

排水层

热风焊接接缝

卷材固定垫片

保护层

上层自粘或
专用胶粘剂

保温板固定垫片
有自攻螺钉

粘阻根型防水卷材

保温层

自攻螺钉

底层防水卷材
机械固定

屋面檩条

隔汽层

卷材防水面专用压型钢板
厚度不小于 0.8

压型钢板复合保温卷材防水种植屋面构造节点

10

建筑幕墙构造节点

//////////////

10.1 玻璃幕墙构造节点

 明框玻璃幕墙构造节点

 半隐框玻璃幕墙构造节点

 全玻幕墙构造节点

 地板与玻璃幕墙的连接节点

10.2 金属幕墙构造节点

 铝合金幕墙构造节点

钢板幕墙构造节点

10.3 石材幕墙构造节点

 波形断面构造节点

 结构装配式构造节点

 背栓式干挂石材幕墙构造节点

 超薄石材蜂窝板幕墙构造节点

10.4 人造板材幕墙构造节点

 微晶玻璃幕墙构造节点

 陶瓷板幕墙构造节点

 高强层压板幕墙构造节点

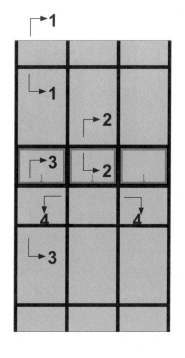

10.1

玻璃幕墙构造节点

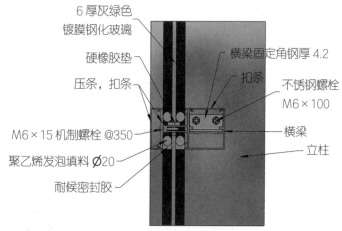

6 厚灰绿色
镀膜钢化玻璃

硬橡胶垫

压条，扣条

横梁固定角钢厚 4.2

扣条

不锈钢螺栓
M6×100

M6×15 机制螺栓 @350

聚乙烯发泡填料 Ø20

耐候密封胶

横梁

立柱

1-1

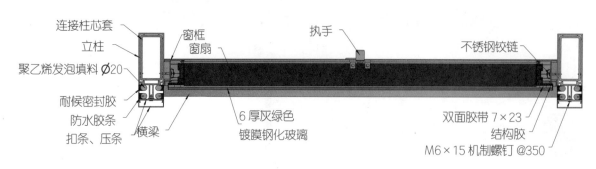

连接柱芯套

立柱

聚乙烯发泡填料 Ø20

耐候密封胶

防水胶条

扣条、压条

横梁

窗框
窗扇

执手

6 厚灰绿色
镀膜钢化玻璃

不锈钢铰链

双面胶带 7×23

结构胶

M6×15 机制螺钉 @350

2-2

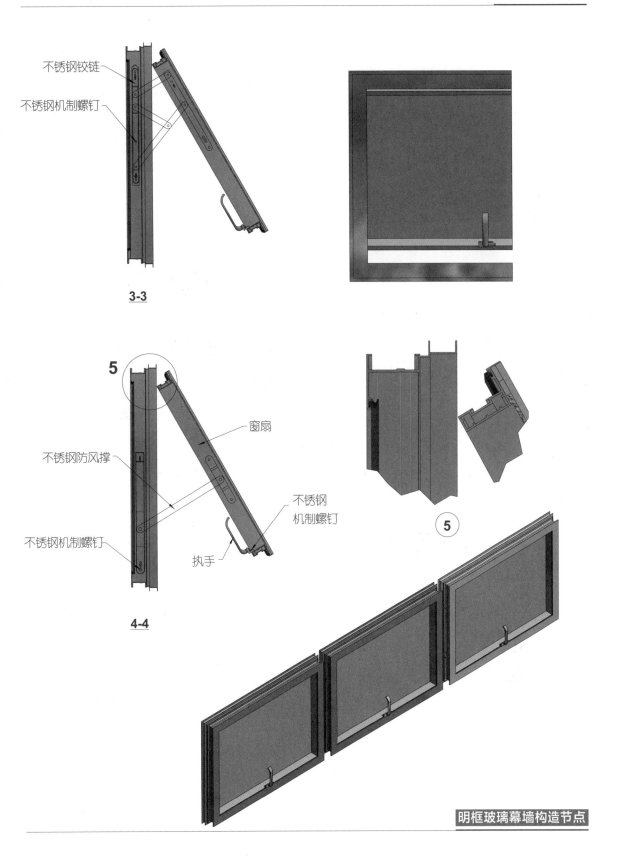

不锈钢铰链

不锈钢机制螺钉

3-3

5

窗扇

不锈钢防风撑

不锈钢
机制螺钉

不锈钢机制螺钉

执手

4-4

5

明框玻璃幕墙构造节点

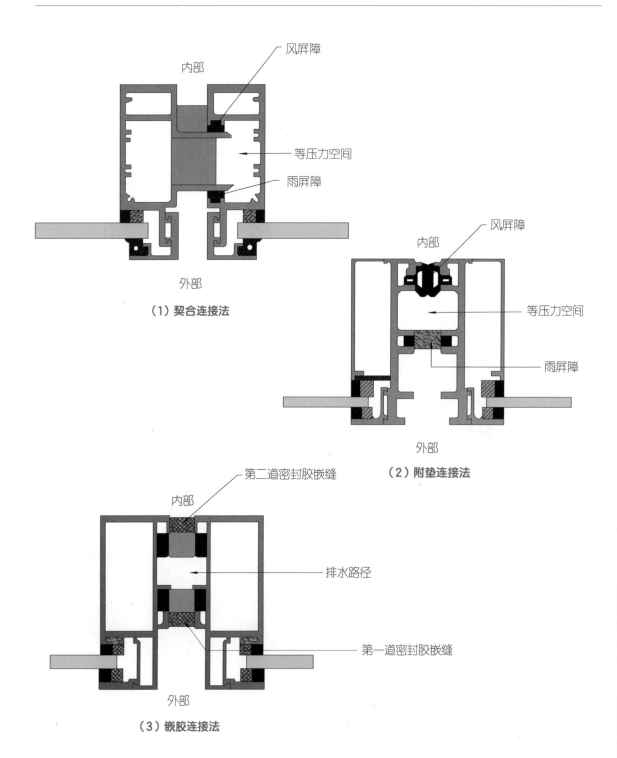

（1）契合连接法

（2）附垫连接法

（3）嵌胶连接法

▲说明：单元式幕墙板块间的对插部位，铝型材应有导插构造，单元部位之间应有一定的搭接长度，立柱的搭接长度不应小于 10mm，顶、底横梁的搭接长度不应小于 15mm，且均应能协调温度及地震作用下的位移。

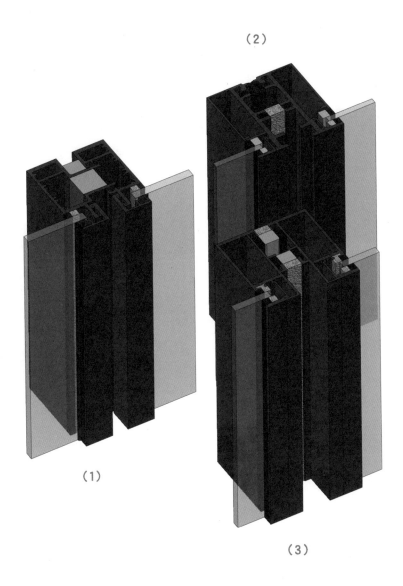

（2）

（1）

（3）

单元式幕墙嵌装连接构造节点

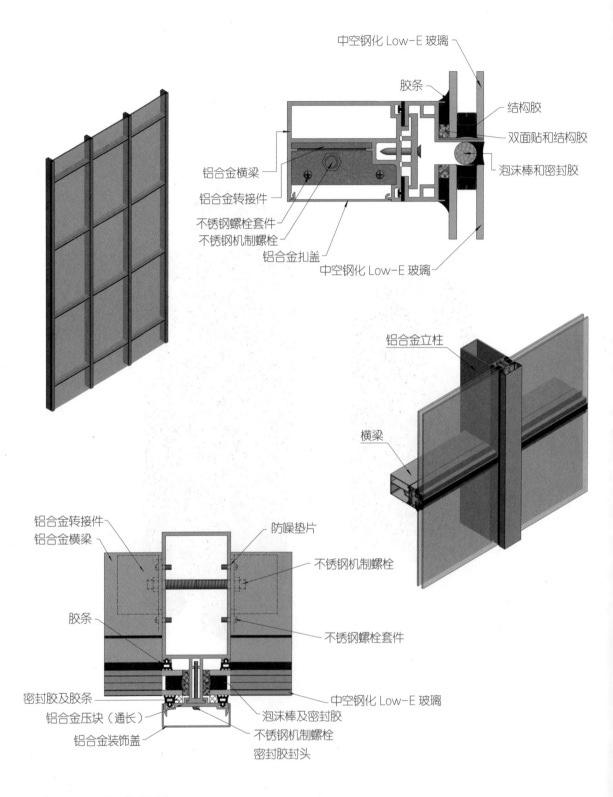

中空钢化 Low-E 玻璃

胶条

结构胶

双面贴和结构胶

泡沫棒和密封胶

铝合金横梁

铝合金转接件

不锈钢螺栓套件

不锈钢机制螺栓

铝合金扣盖

中空钢化 Low-E 玻璃

铝合金立柱

横梁

铝合金转接件
铝合金横梁

防噪垫片

不锈钢机制螺栓

胶条

不锈钢螺栓套件

密封胶及胶条

铝合金压块（通长）

铝合金装饰盖

中空钢化 Low-E 玻璃

泡沫棒及密封胶

不锈钢机制螺栓

密封胶封头

半隐框玻璃幕墙构造节点

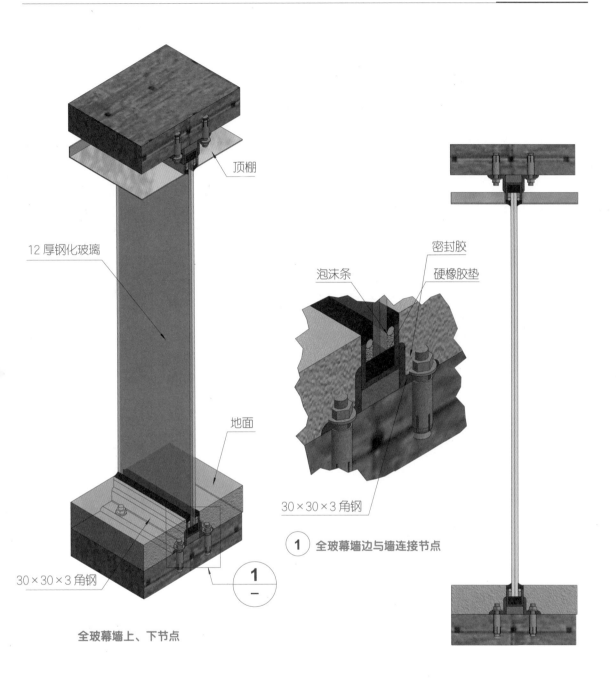

顶棚

12 厚钢化玻璃

密封胶

泡沫条

硬橡胶垫

地面

$30 \times 30 \times 3$ 角钢

1 全玻幕墙边与墙连接节点

$30 \times 30 \times 3$ 角钢

1 —

全玻幕墙上、下节点

▲说明：落地式全玻幕墙构造做法主要在于玻璃落地处、两侧端部及顶部，这四个部位均需设置不锈钢压型凹槽，槽内设置氯丁橡胶定位垫块，缝隙用泡沫棒嵌实后再用结构硅酮密封胶封口。

落地式全玻幕墙构造节点

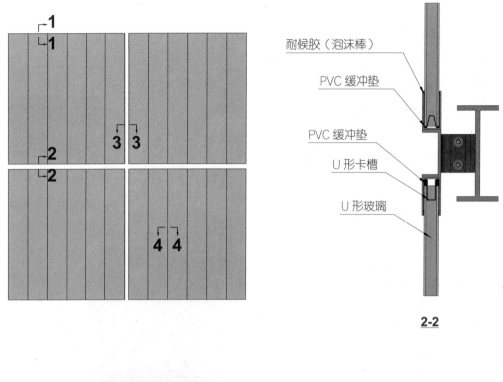

2-2

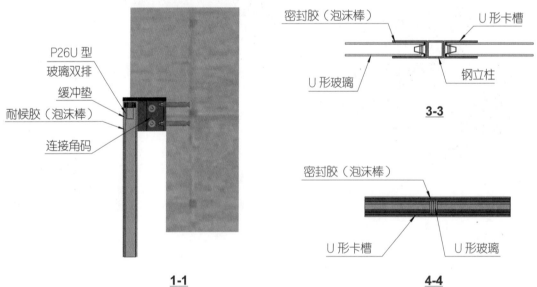

1-1

3-3

4-4

▲说明：U 形玻璃幕墙构造做法是在周边布置槽形边框，U 形玻璃的周边收口槽壁与玻璃的间隙为 4~6mm，玻璃上端与槽底的间隙应满足玻璃热胀冷缩变形的要求。玻璃与槽底壁之间应加设 PVC 缓冲垫，玻璃与槽壁之间应采用硅酮密封胶填充。

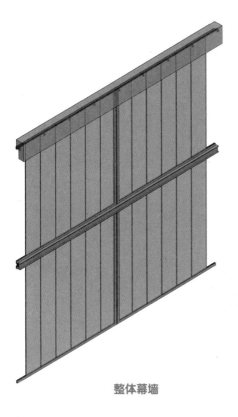

整体幕墙

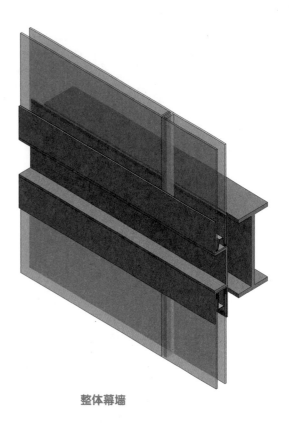

整体幕墙

U形玻璃幕墙构造节点

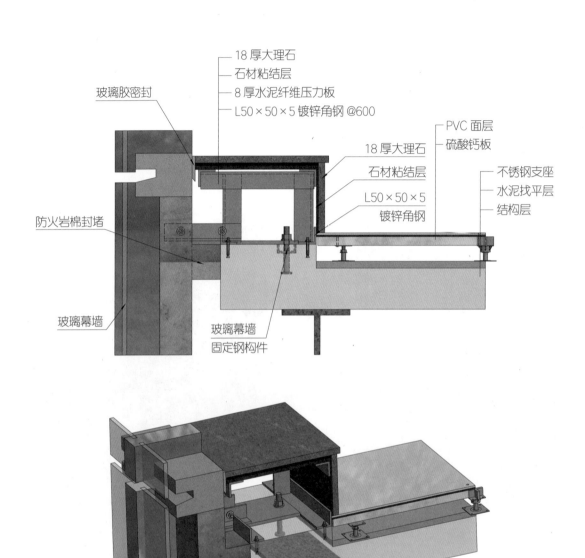

玻璃胶密封

18 厚大理石
石材粘结层
8 厚水泥纤维压力板
L50×50×5 镀锌角钢 @600

18 厚大理石
石材粘结层
L50×50×5
镀锌角钢

PVC 面层
硫酸钙板

不锈钢支座
水泥找平层
结构层

防火岩棉封堵

玻璃幕墙

玻璃幕墙
固定钢构件

▲说明：架空地板与幕墙相接时，需设置地台与幕墙连接，地台要高出架空地面以遮挡幕墙构件，且需用角钢焊制骨架，上铺石材或金属板等饰面材料，保证其牢固性。地台面板高度不宜过高，且不能超过玻璃幕墙窗框，二者相接时，使用密封胶对缝隙进行封堵。

架空地板与玻璃幕墙交接构造节点

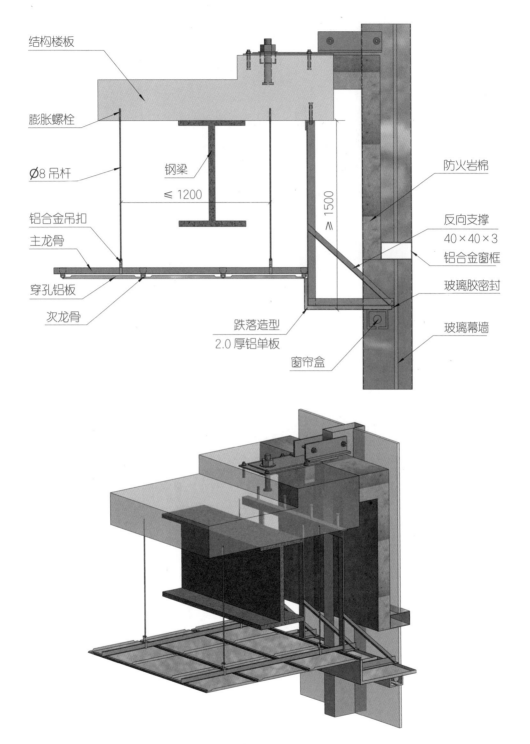

结构楼板

膨胀螺栓

Ø8 吊杆

钢梁

≤ 1200

≥ 1500

防火岩棉

反向支撑
40×40×3

铝合金窗框

铝合金吊扣

主龙骨

穿孔铝板

次龙骨

跌落造型
2.0 厚铝单板

窗帘盒

玻璃胶密封

玻璃幕墙

▲说明：在吊顶内，结构梁和设备过高，或有特殊造型时，吊顶板距离结构顶面超过 1500mm 时，还需设置反向支撑来加固铝板，防止在水平力作用下发生晃动。

铝板吊顶与玻璃幕墙交接处及反向支撑构造节点

10.2

金属幕墙构造节点

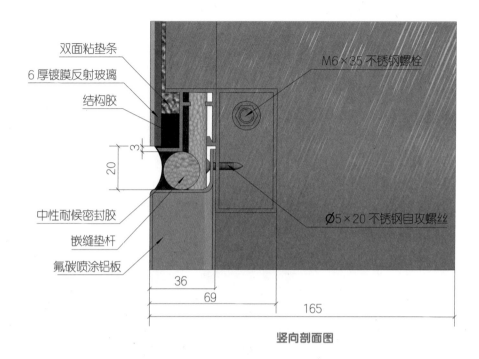

双面粘垫条

6 厚镀膜反射玻璃

结构胶

M6×35 不锈钢螺栓

3

20

中性耐候密封胶

嵌缝垫杆

氟碳喷涂铝板

Ø5×20 不锈钢自攻螺丝

36

69

165

竖向剖面图

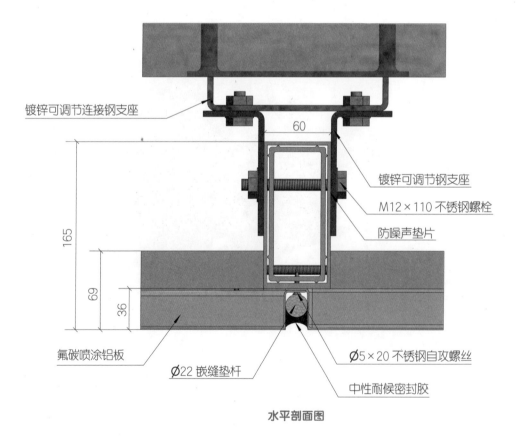

镀锌可调节连接钢支座

60

镀锌可调节钢支座

M12×110 不锈钢螺栓

防噪声垫片

165

69

36

氟碳喷涂铝板

Ø22 嵌缝垫杆

Ø5×20 不锈钢自攻螺丝

中性耐候密封胶

水平剖面图

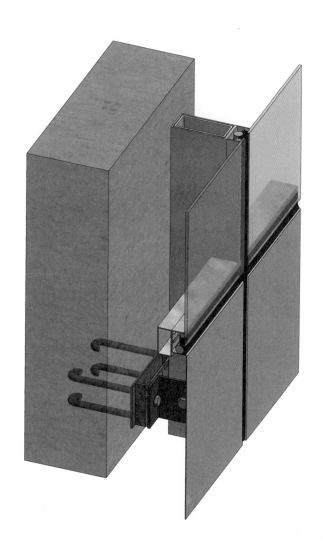

单层铝板幕墙构造节点（无副框）

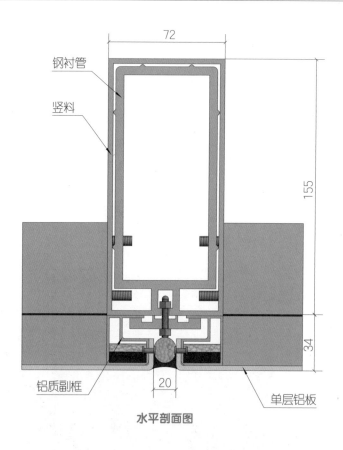

水平剖面图

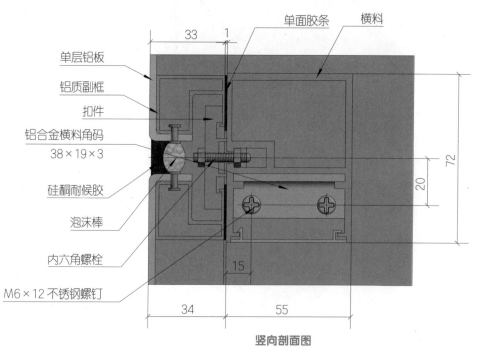

竖向剖面图

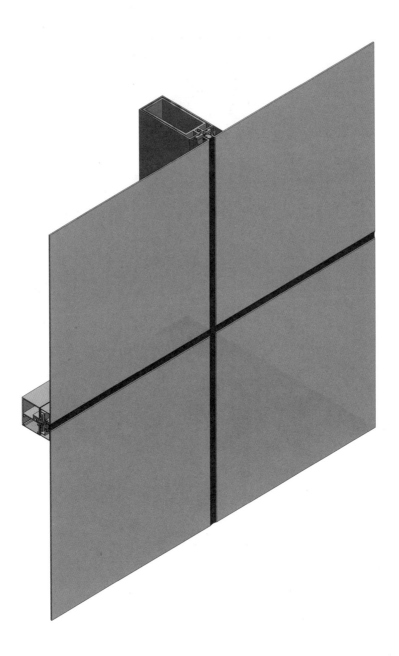

单层铝板幕墙构造节点（带副框）

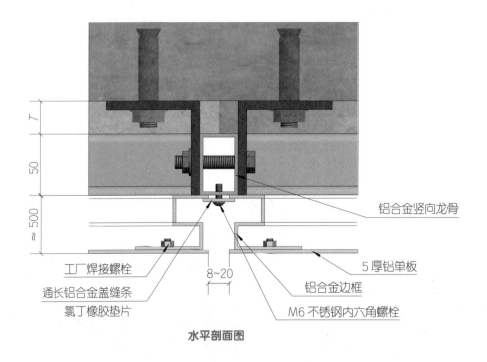

铝合金竖向龙骨

5 厚铝单板

铝合金边框

M6 不锈钢内六角螺栓

工厂焊接螺栓

8~20

通长铝合金盖缝条

氯丁橡胶垫片

水平剖面图

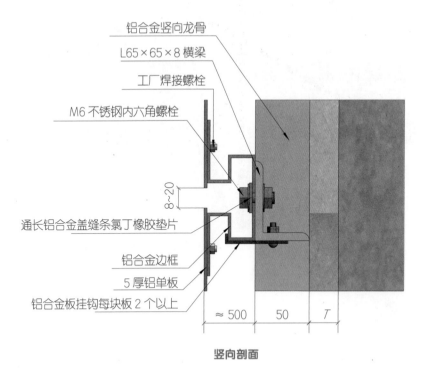

铝合金竖向龙骨

L65×65×8 横梁

工厂焊接螺栓

M6 不锈钢内六角螺栓

8~20

通长铝合金盖缝条氯丁橡胶垫片

铝合金边框

5 厚铝单板

铝合金板挂钩每块板 2 个以上

≈ 500   50   T

竖向剖面

▲说明：厚铝板的刚性好、平整度高，所以板块可以设计成较大尺寸，不需要折边，面板板缝采用开放式构造。

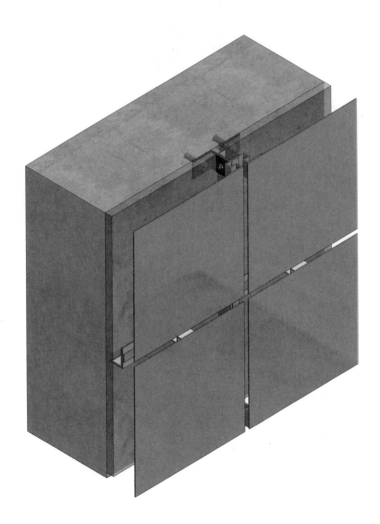

厚铝板幕墙构造节点

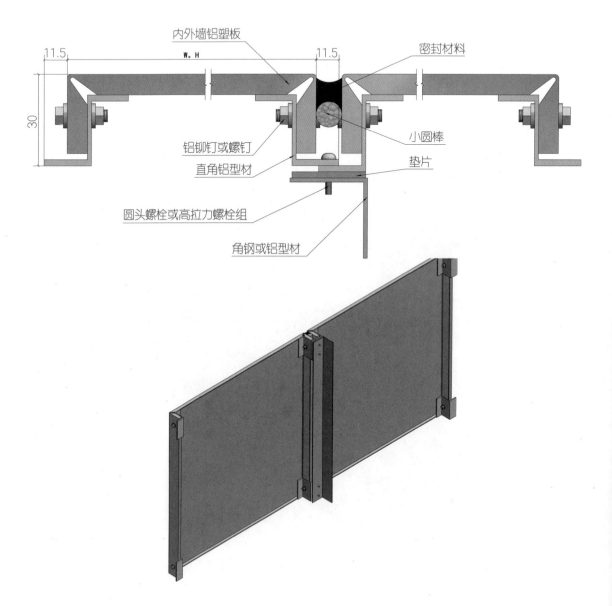

内外墙铝塑板

密封材料

11.5

11.5

W。H

30

铝铆钉或螺钉

小圆棒

直角铝型材

垫片

圆头螺栓或高拉力螺栓组

角钢或铝型材

▲说明：铝塑复合板为提高强度进行折边时，必须在板的背面开槽，切去一定宽度的内层铝板和胶层，仅留 0.5mm 厚外层铝板，再把 0.5mm 厚铝板弯成直角，之后用铝材制成同样尺寸副框作加劲肋，加劲肋与复合板用结构胶粘结。

铝塑复合板幕墙构造节点

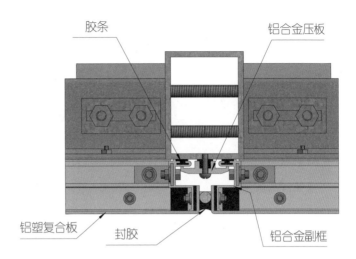

胶条　　铝合金压板

铝塑复合板　　封胶　　铝合金副框

铝塑复合板横剖节点

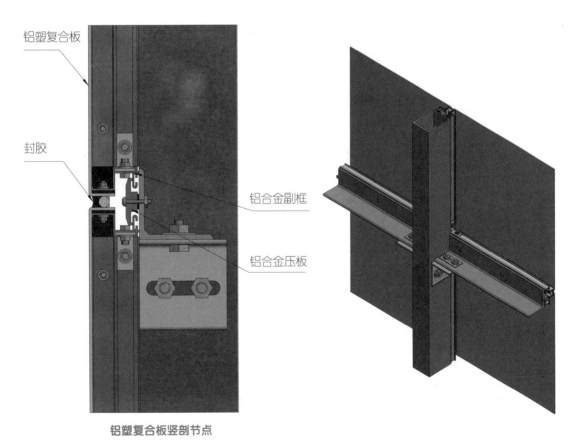

铝塑复合板

封胶

铝合金副框

铝合金压板

铝塑复合板竖剖节点

铝塑板连接构造节点

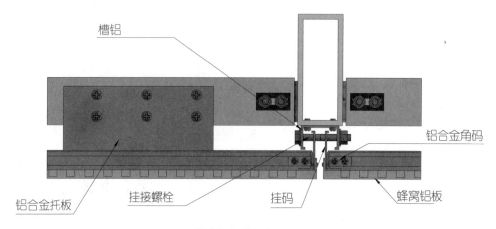

蜂窝铝板横剖节点

槽铝

铝合金角码

铝合金托板

挂接螺栓

挂码

蜂窝铝板

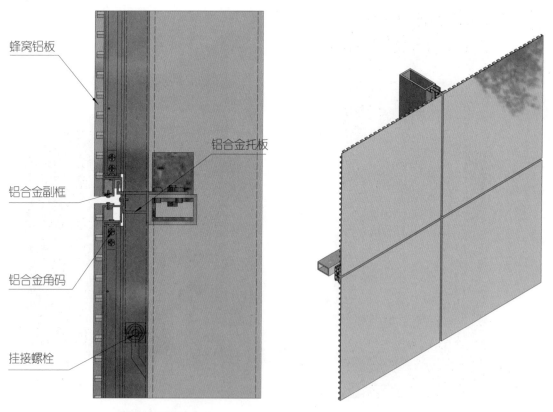

蜂窝铝板

铝合金托板

铝合金副框

铝合金角码

挂接螺栓

蜂窝铝板竖剖节点

吊挂式铝蜂窝板连接构造节点

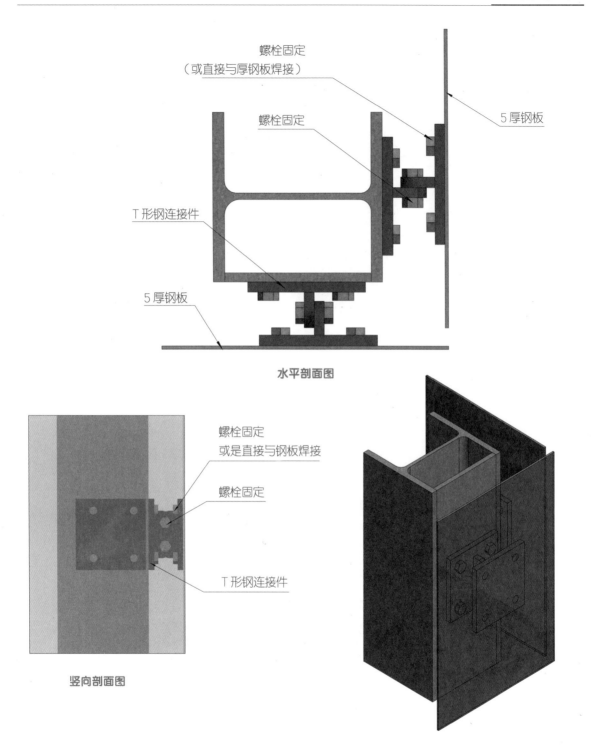

螺栓固定
（或直接与厚钢板焊接）

螺栓固定

5 厚钢板

T 形钢连接件

5 厚钢板

水平剖面图

螺栓固定
或是直接与钢板焊接

螺栓固定

T 形钢连接件

竖向剖面图

▲说明：考虑到钢板的平整度和耐久性，耐候钢板常用设计厚度为 3~5mm，在重要建筑中适当增加厚度。为避免钢板长期处于水蒸气环境中，其板缝通常处理为开缝构造并且板后设通风间层。

耐侯钢板幕墙构造节点

10.3

石
材
幕
墙
构
造
节
点

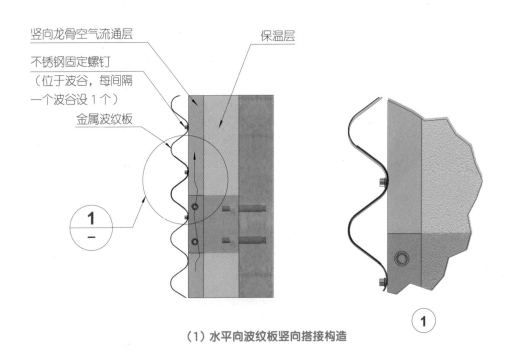

竖向龙骨空气流通层

不锈钢固定螺钉
（位于波谷，每间隔
一个波谷设 1 个）

金属波纹板

保温层

（1）水平向波纹板竖向搭接构造

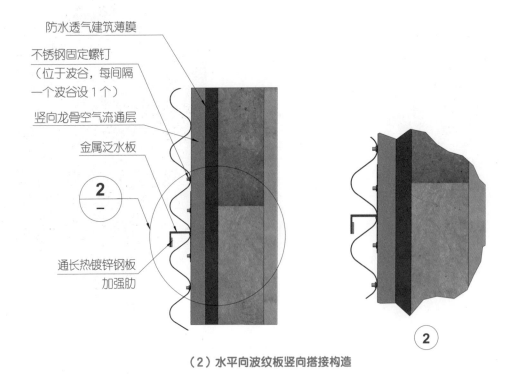

防水透气建筑薄膜

不锈钢固定螺钉
（位于波谷，每间隔
一个波谷设 1 个）

竖向龙骨空气流通层

金属泛水板

通长热镀锌钢板
加强肋

（2）水平向波纹板竖向搭接构造

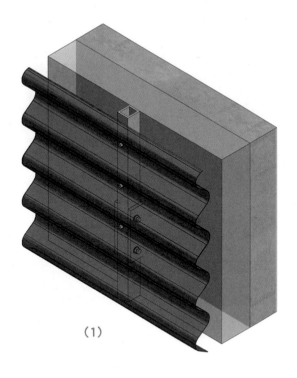

(1)

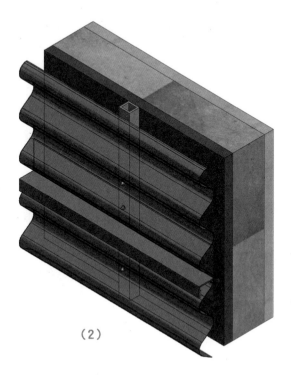

(2)

典型波形段面板构造节点(1)

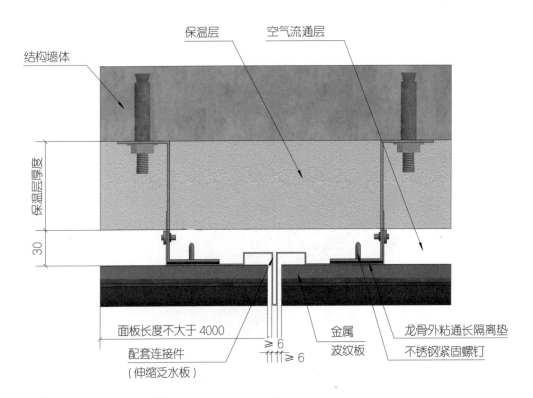

结构墙体　保温层　空气流通层

保温层厚度

30

面板长度不大于 4000

配套连接件
（伸缩泛水板）

≥ 6
≥ 6

金属
波纹板

龙骨外粘通长隔离垫

不锈钢紧固螺钉

（3）水平向波纹板水平接头构造（有伸缩缝）

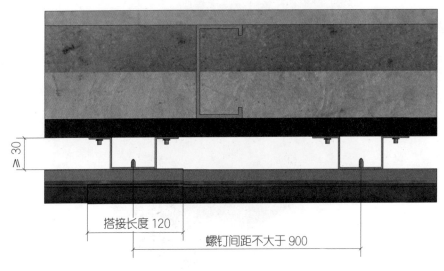

≥ 30

搭接长度 120

螺钉间距不大于 900

（4）水平向波纹板水平接头搭接构造

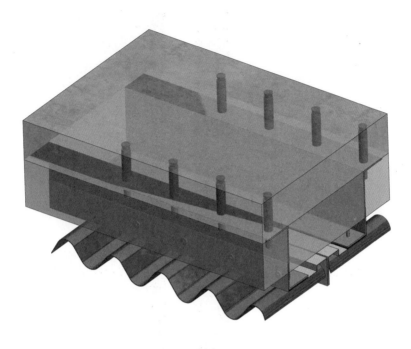

（3）

（4）

典型波形段面板节点构造（2）

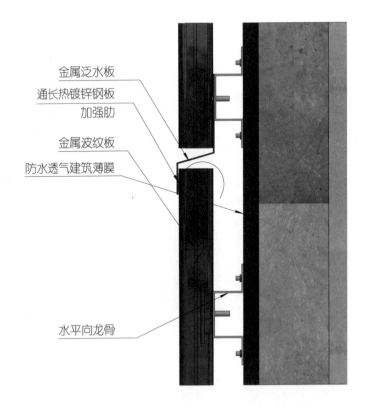

金属泛水板
通长热镀锌钢板
加强肋
金属波纹板
防水透气建筑薄膜

水平向龙骨

（5）竖向波纹板竖向接头构造（有伸缩缝）

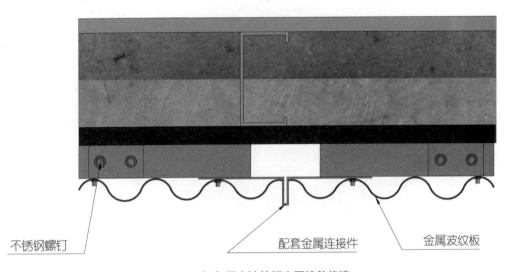

不锈钢螺钉

配套金属连接件

金属波纹板

（6）竖向波纹板水平接头构造

（5）

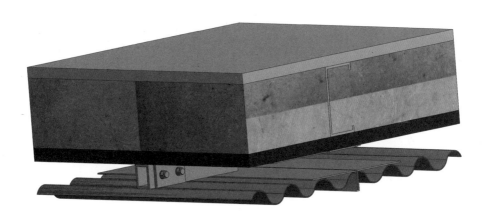

（6）

典型波形段面板节点构造（3）

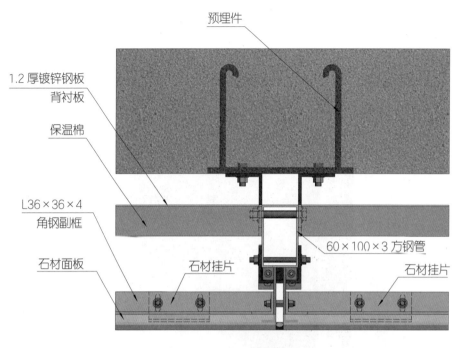

预埋件

1.2 厚镀锌钢板
背衬板

保温棉

L36×36×4
角钢副框

石材面板

石材挂片

60×100×3 方钢管

石材挂片

平剖节点

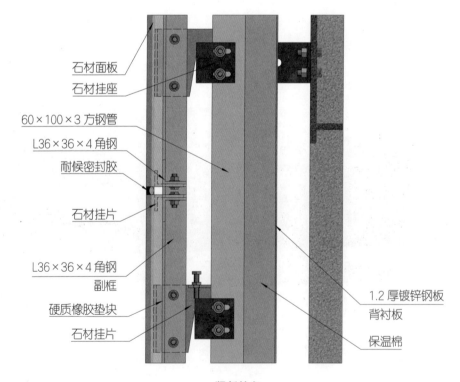

石材面板

石材挂座

60×100×3 方钢管

L36×36×4 角钢

耐候密封胶

石材挂片

L36×36×4 角钢
副框

硬质橡胶垫块

石材挂片

1.2 厚镀锌钢板
背衬板

保温棉

竖剖节点

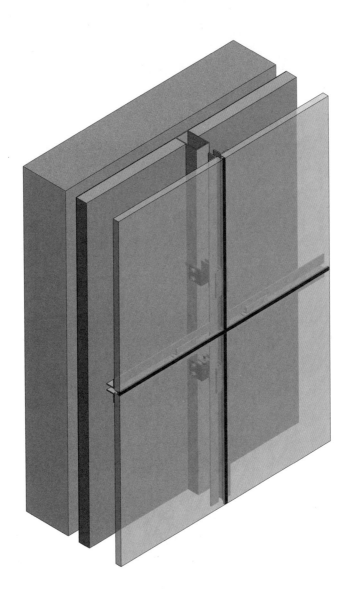

结构装配式构造节点

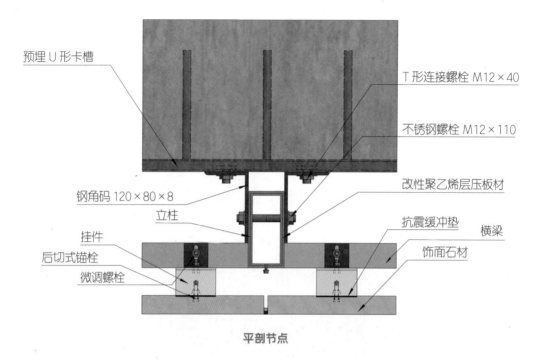

预埋 U 形卡槽

T 形连接螺栓 M12×40

不锈钢螺栓 M12×110

钢角码 120×80×8

改性聚乙烯层压板材

立柱

抗震缓冲垫　　横梁

挂件

饰面石材

后切式锚栓

微调螺栓

平剖节点

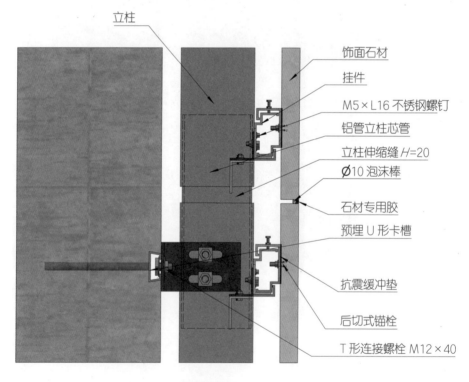

立柱

饰面石材

挂件

M5×L16 不锈钢螺钉

铝管立柱芯管

立柱伸缩缝 H=20

$\varnothing$10 泡沫棒

石材专用胶

预埋 U 形卡槽

抗震缓冲垫

后切式锚栓

T 形连接螺栓 M12×40

竖剖节点

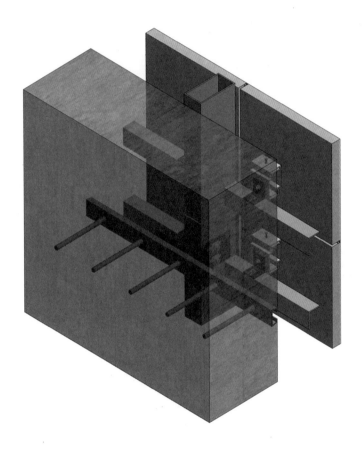

背栓式干挂石材幕墙构造节点

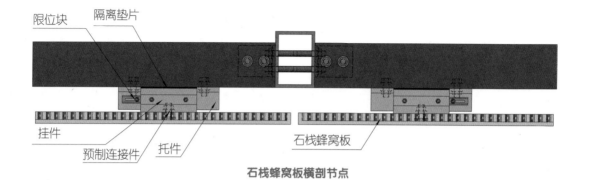

限位块　　隔离垫片

挂件

预制连接件　　托件

石栈蜂窝板

石栈蜂窝板横剖节点

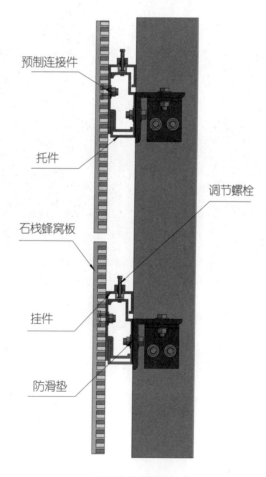

预制连接件

托件

调节螺栓

石栈蜂窝板

挂件

防滑垫

石栈蜂窝板竖剖节点

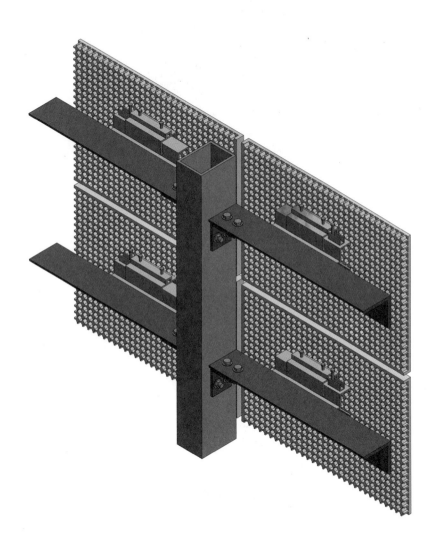

超薄石材蜂窝板连接构造节点

10.4

人造板材幕墙构造节点

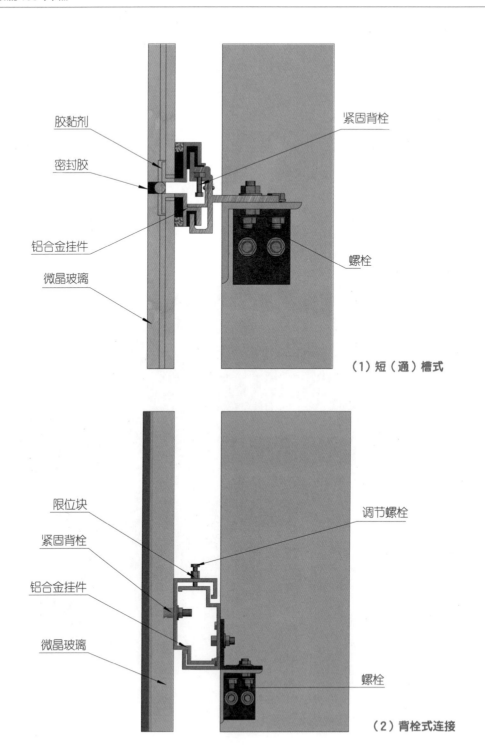

胶黏剂

密封胶

铝合金挂件

微晶玻璃

紧固背栓

螺栓

（1）短（通）槽式

限位块

紧固背栓

铝合金挂件

微晶玻璃

调节螺栓

螺栓

（2）背栓式连接

▲说明：微晶玻璃板的厚度应由计算确定。采用明框或隐框构造时，厚度不应小于12mm；选择短槽、通槽和背栓连接时，厚度不应小于20mm。

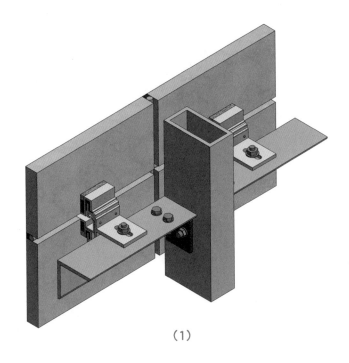

（1）

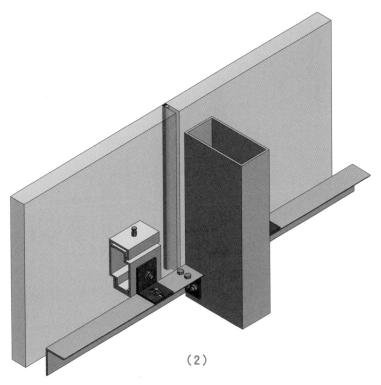

（2）

微晶玻璃连接构造节点

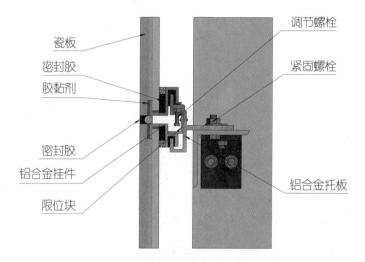

瓷板
密封胶
胶黏剂
密封胶
铝合金挂件
限位块

调节螺栓
紧固螺栓
铝合金托板

（1）短（通）槽式连接

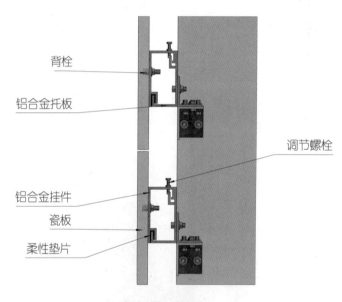

背栓
铝合金托板
铝合金挂件
瓷板
柔性垫片

调节螺栓

（2）背栓式连接

▲说明：采用槽式连接时，使用不锈钢或铝合金挂件。短槽挂件长度不应小于 50mm，每个挂件宜有 2 个螺栓固定。短槽挂件外侧边与面板边缘的距离不应小于板厚的 3 倍，且不小于 50mm。通槽挂件外侧面与面板边缘距离不应小于板厚，且不大于 20mm。槽口两侧板厚均不应小于 5mm，瓷板挂件插入槽口深度应介于 10~15mm 之间，槽宽大于挂件厚度 2~3mm，挂件与面板空隙以高机械性胶黏剂填充。

背栓式连接时，背栓支撑铝合金型材连接件的截面厚度不应小于 2.5mm，且应有防脱落措施，连接处瓷板有效厚度不应小于 15mm，背栓孔底与板面的净距离不应小于 5mm，背栓空与面板边缘净距离不应小于 50mm，且不大于支撑边长的 0.2 倍。

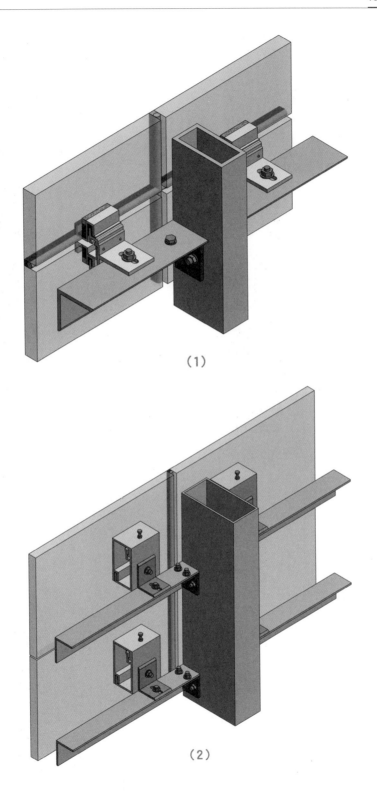

（1）

（2）

瓷板连接构造节点详图

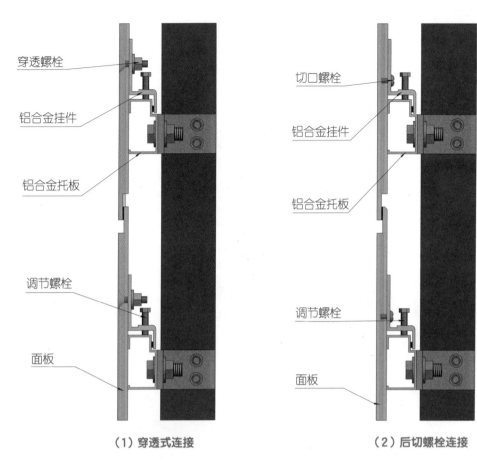

（1）穿透式连接　　　　　　　（2）后切螺栓连接

▲说明：穿透式连接和后切螺栓连接因板厚不同，形式观感也不同。穿透式连接的高压热固化木纤维板厚度不应小于 6mm，固定系统露明，背栓连接的千思板厚度不小于 10mm，固定系统隐藏于板后。

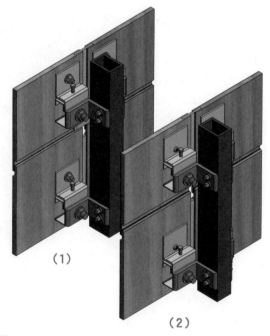

（1）

（2）

高压热固化木纤维板连接构造节点详图

11

建筑工业化

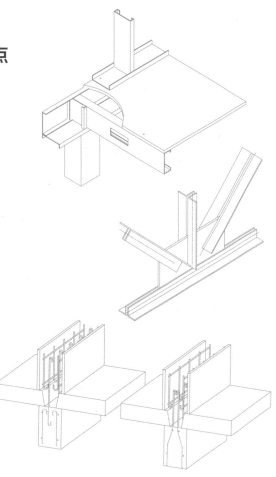

11.1　工具式模板现浇建筑构造节点

　大模板现浇建筑构造节点

11.2　钢结构建筑构造节点

　钢结构住宅结构体系构造节点

　钢结构住宅围护结构构造节点

　轻钢屋架的主要节点

　轻型钢住宅体系构造节点

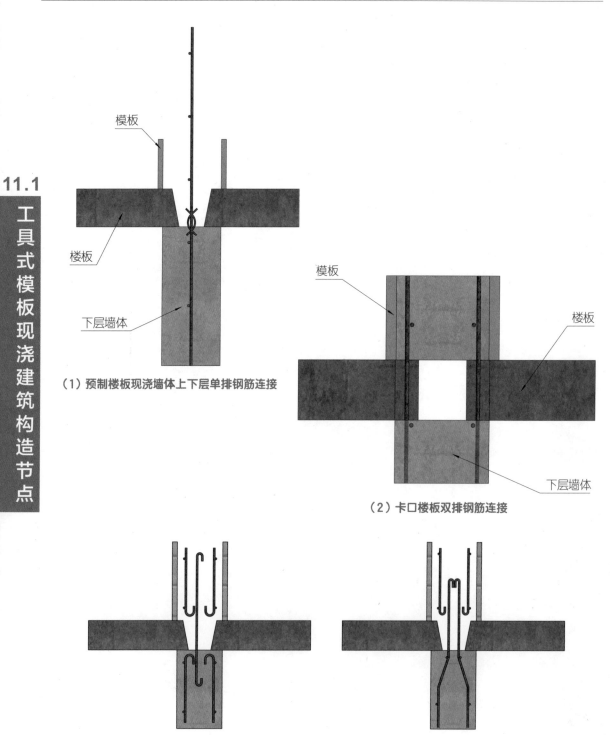

（1）预制楼板现浇墙体上下层单排钢筋连接

（2）卡口楼板双排钢筋连接

（3）上下墙体采用过渡钢筋连接

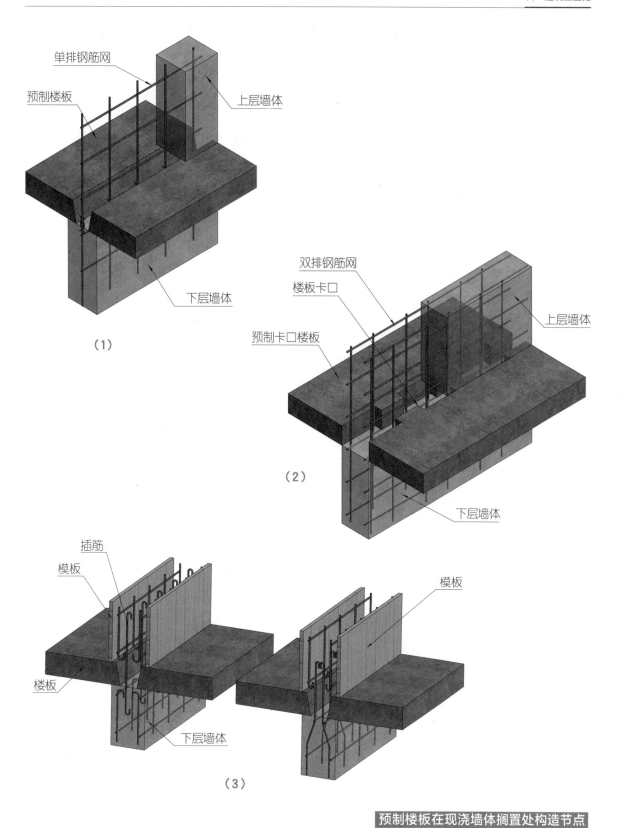

单排钢筋网

预制楼板

上层墙体

下层墙体

（1）

双排钢筋网

楼板卡口

预制卡口楼板

上层墙体

下层墙体

（2）

插筋

模板

模板

楼板

下层墙体

（3）

预制楼板在现浇墙体搁置处构造节点

11.2

钢结构建筑构造节点

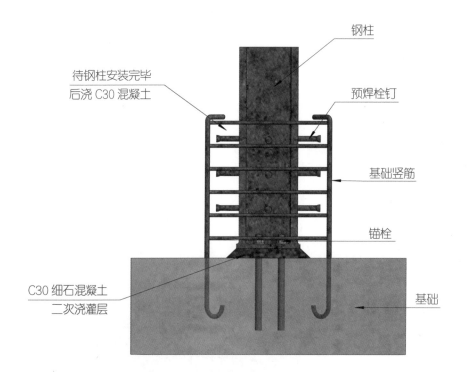

钢柱

待钢柱安装完毕
后浇 C30 混凝土

预焊栓钉

基础竖筋

锚栓

C30 细石混凝土
二次浇灌层

基础

（1）钢柱与基础的连接

高强螺栓

（2）钢管柱与钢梁的连接

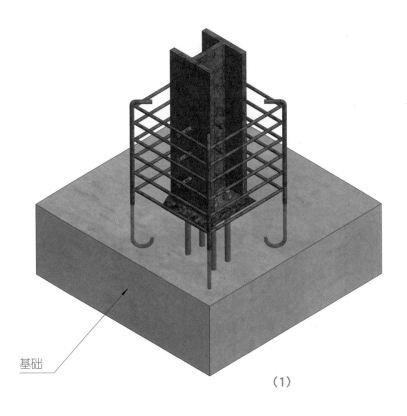

基础

（1）

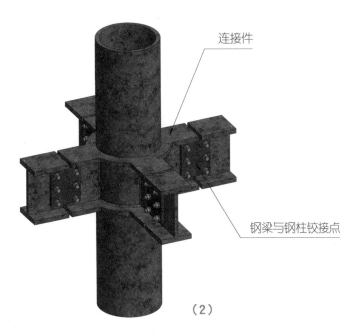

连接件

钢梁与钢柱铰接点

（2）

钢框架核心筒结构节点

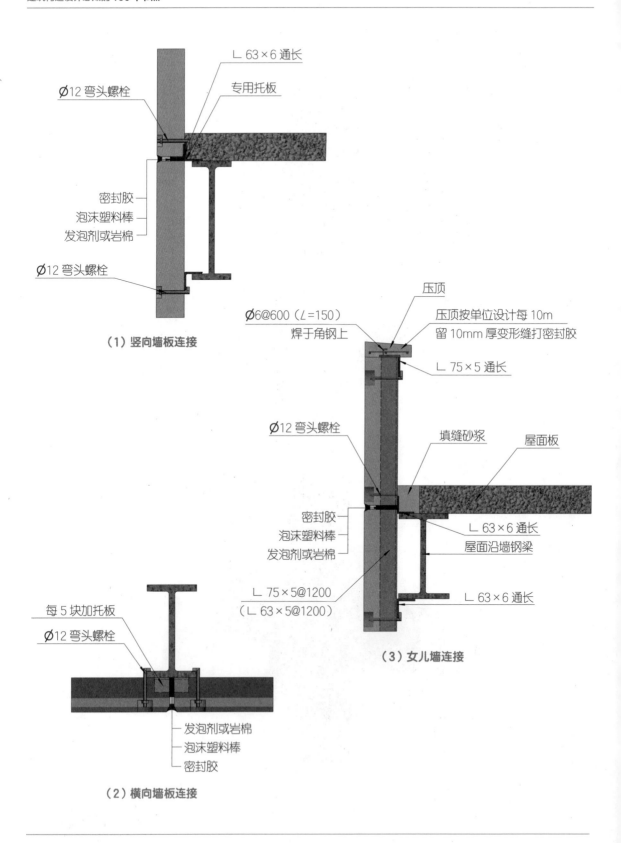

Ø12 弯头螺栓

∟ 63×6 通长

专用托板

密封胶
泡沫塑料棒
发泡剂或岩棉

Ø12 弯头螺栓

（1）竖向墙板连接

压顶

Ø6@600（∟=150）
焊于角钢上

压顶按单位设计每 10m
留 10mm 厚变形缝打密封胶

∟ 75×5 通长

Ø12 弯头螺栓

填缝砂浆

屋面板

密封胶
泡沫塑料棒
发泡剂或岩棉

∟ 63×6 通长

屋面沿墙钢梁

∟ 75×5@1200
（∟ 63×5@1200）

∟ 63×6 通长

（3）女儿墙连接

每 5 块加托板

Ø12 弯头螺栓

发泡剂或岩棉
泡沫塑料棒
密封胶

（2）横向墙板连接

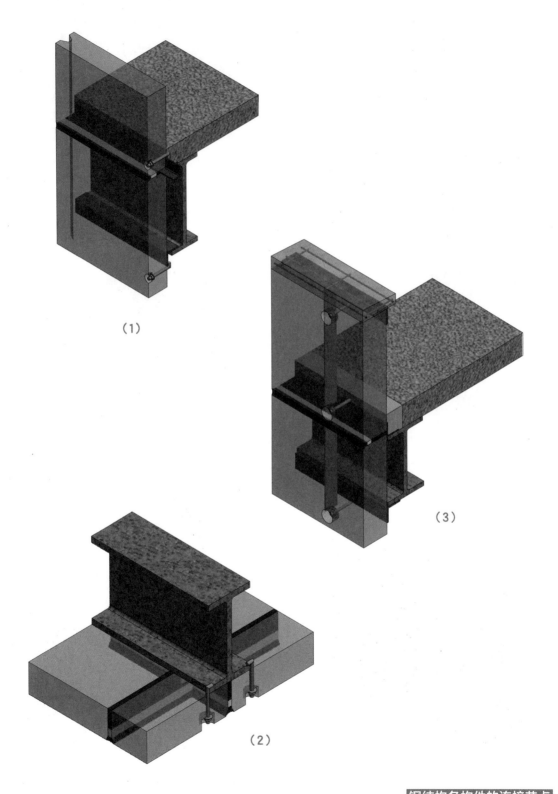

（1）

（2）

（3）

钢结构各构件的连接节点

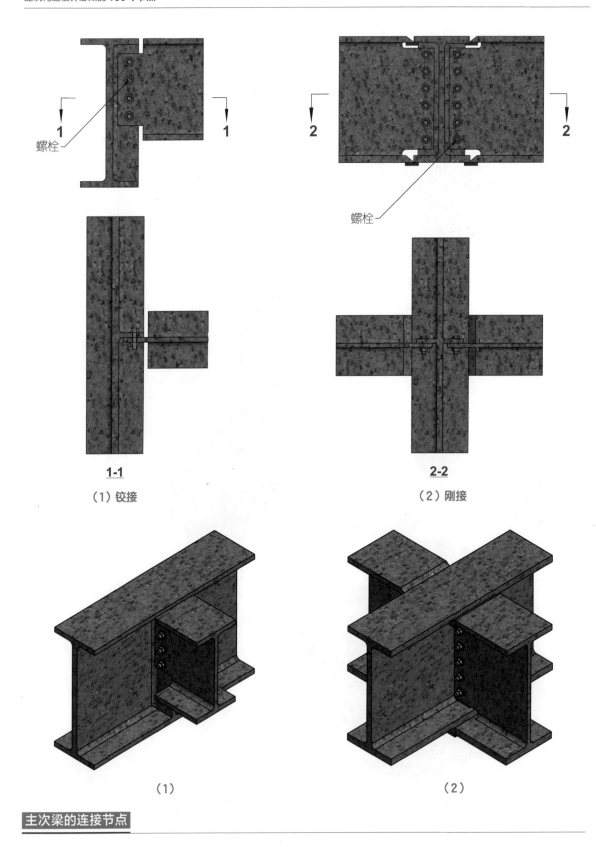

螺栓

1   **1**

螺栓

2   **2**

1-1

（1）铰接

2-2

（2）刚接

（1）

（2）

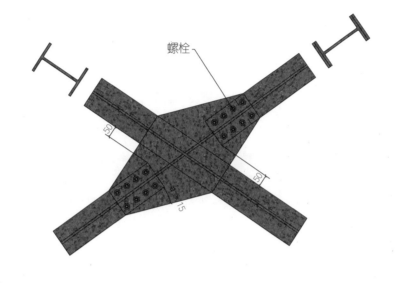

螺栓

螺栓

十字交叉形支撑的中间连接节点

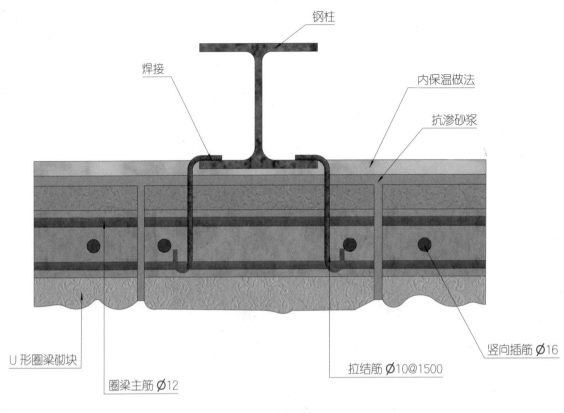

钢柱

焊接

内保温做法

抗渗砂浆

竖向插筋 Ø16

拉结筋 Ø10@1500

U 形圈梁砌块

圈梁主筋 Ø12

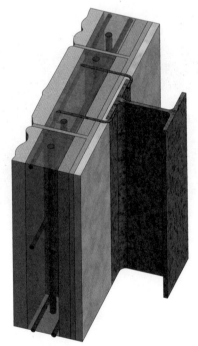

外墙与钢柱连接节点

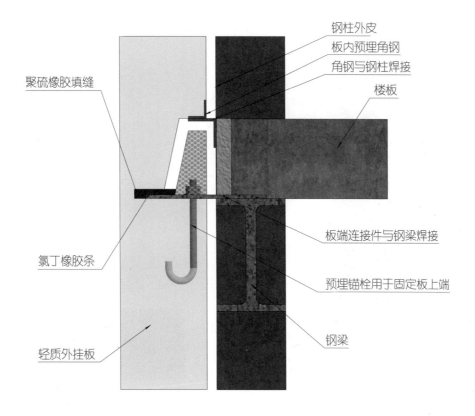

钢柱外皮

板内预埋角钢

角钢与钢柱焊接

楼板

聚硫橡胶填缝

板端连接件与钢梁焊接

氯丁橡胶条

预埋锚栓用于固定板上端

轻质外挂板

钢梁

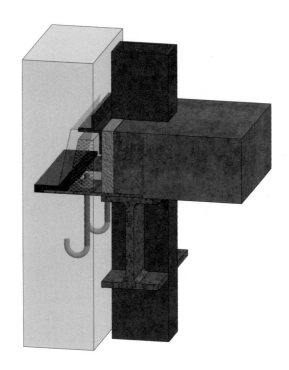

楼板、钢梁与围护墙板的连接节点

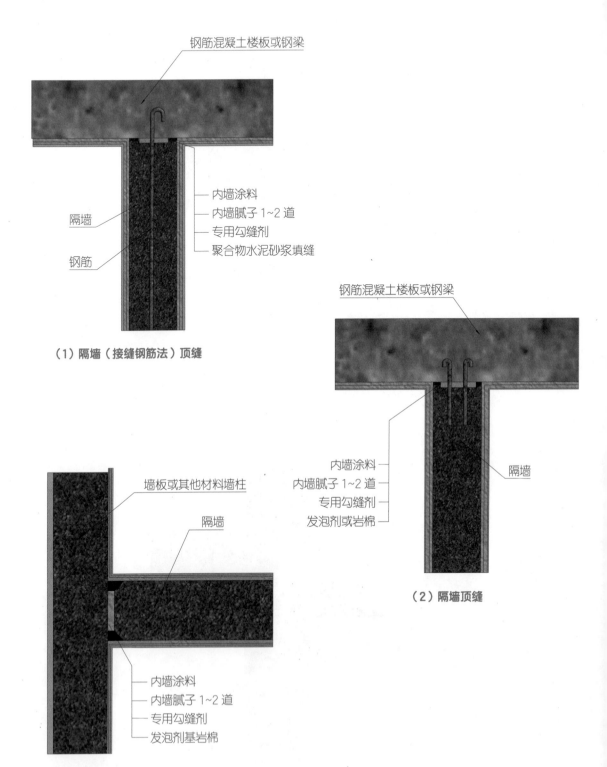

钢筋混凝土楼板或钢梁

内墙涂料
内墙腻子 1~2 道
专用勾缝剂
聚合物水泥砂浆填缝

隔墙

钢筋

（1）隔墙（接缝钢筋法）顶缝

钢筋混凝土楼板或钢梁

内墙涂料
内墙腻子 1~2 道
专用勾缝剂
发泡剂或岩棉

隔墙

（2）隔墙顶缝

墙板或其他材料墙柱

隔墙

内墙涂料
内墙腻子 1~2 道
专用勾缝剂
发泡剂基岩棉

（3）隔墙端缝

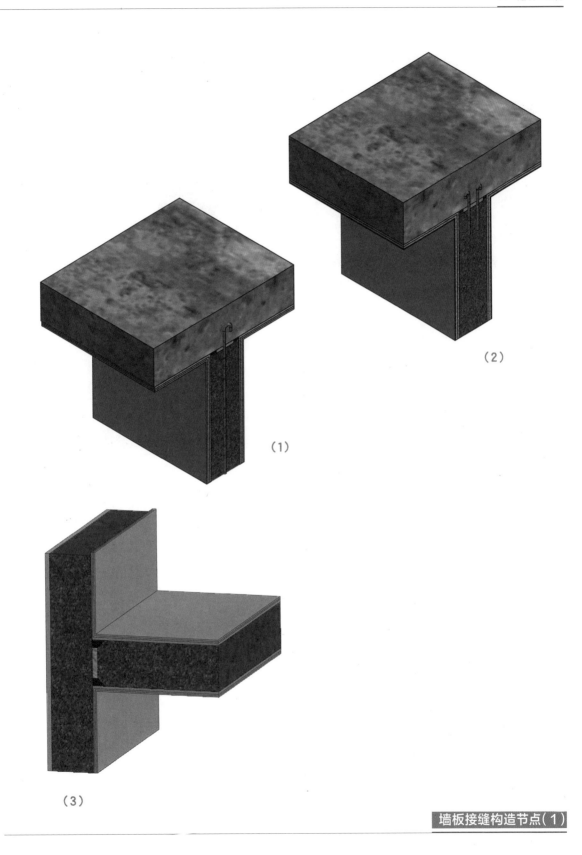

（1）

（2）

（3）

墙板接缝构造节点（1）

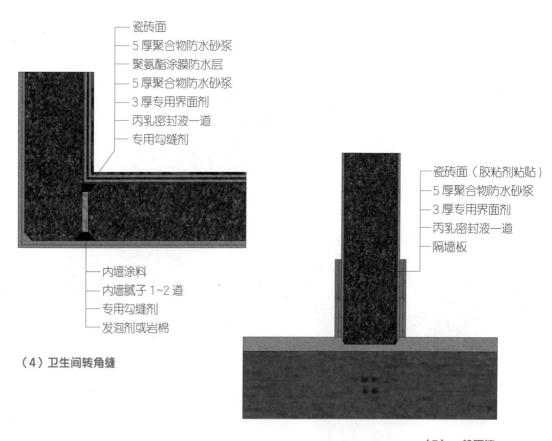

瓷砖面
5 厚聚合物防水砂浆
聚氨酯涂膜防水层
5 厚聚合物防水砂浆
3 厚专用界面剂
丙乳密封液一道
专用勾缝剂

内墙涂料
内墙腻子 1~2 道
专用勾缝剂
发泡剂或岩棉

（4）卫生间转角缝

瓷砖面（胶粘剂粘贴）
5 厚聚合物防水砂浆
3 厚专用界面剂
丙乳密封液一道
隔墙板

（5）一般隔墙

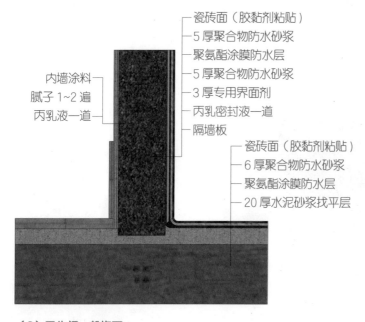

瓷砖面（胶黏剂粘贴）
5 厚聚合物防水砂浆
聚氨酯涂膜防水层
5 厚聚合物防水砂浆
3 厚专用界面剂
丙乳密封液一道
隔墙板

内墙涂料
腻子 1~2 遍
丙乳液一道

瓷砖面（胶黏剂粘贴）
6 厚聚合物防水砂浆
聚氨酯涂膜防水层
20 厚水泥砂浆找平层

（6）卫生间一般饰面

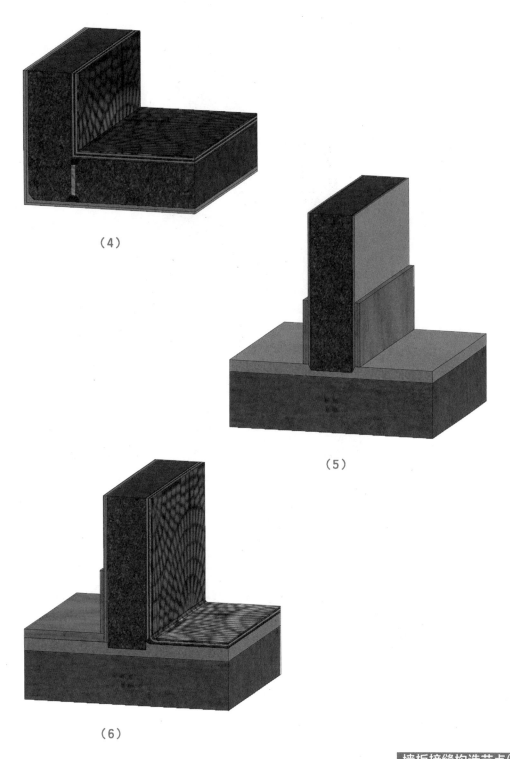

（4）

（5）

（6）

墙板接缝构造节点（2）

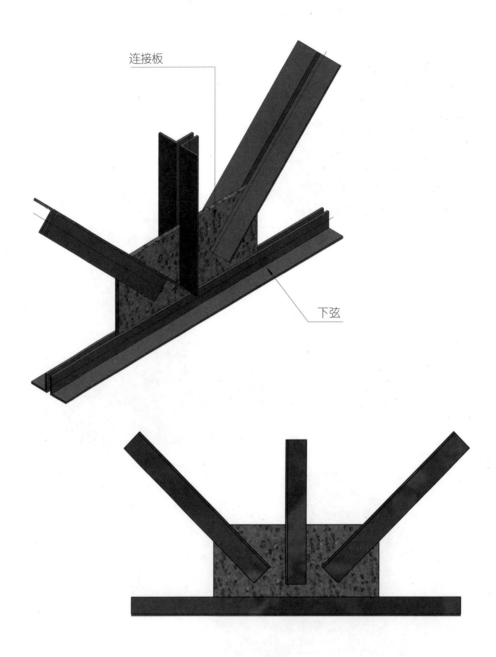

连接板

下弦

角钢屋架下弦典型节点

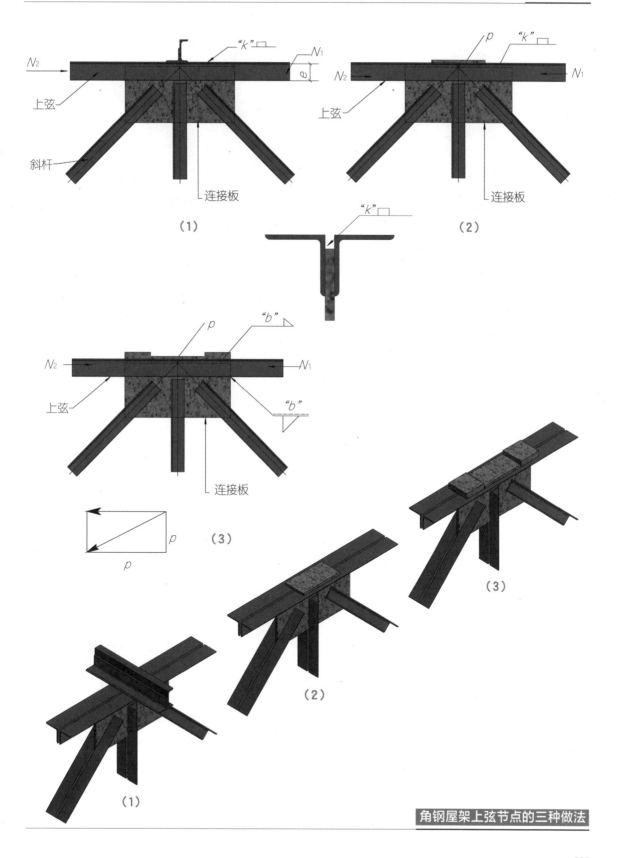

角钢屋架上弦节点的三种做法

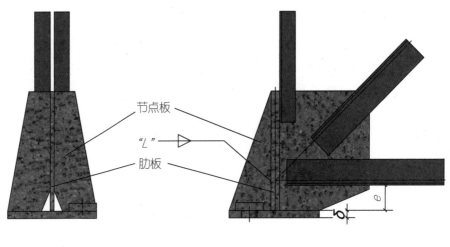

节点板

"L"

肋板

e

δ

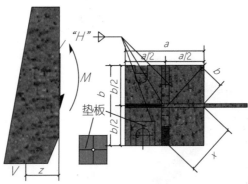

"H"

M

垫板

a

$a/2$ $a/2$

b

$b/2$

b

$b/2$

$b/2$

x

V

z

（1）杆件交于一点

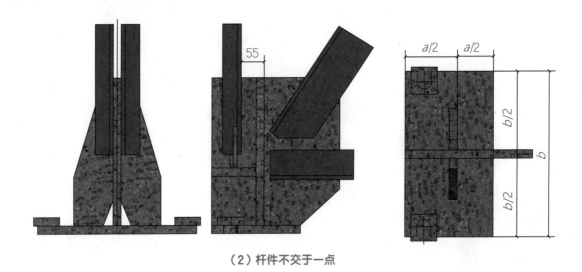

55

$a/2$ $a/2$

$b/2$

b

$b/2$

（2）杆件不交于一点

梯形屋架铰接支座节点详图

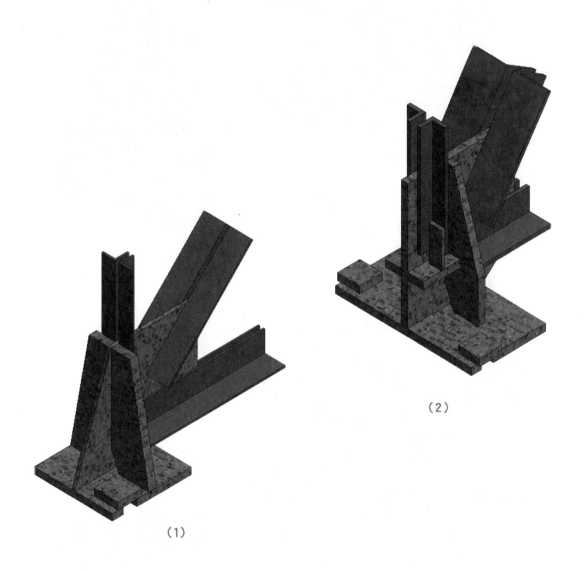

（1）

（2）

梯形屋架铰接支座节点

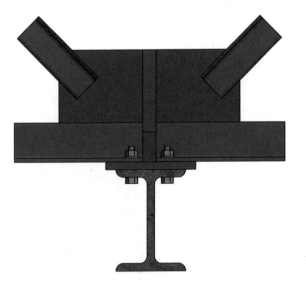
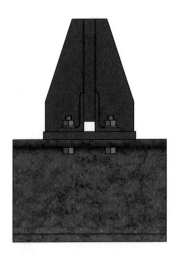

（1）

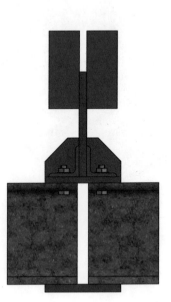

（2）

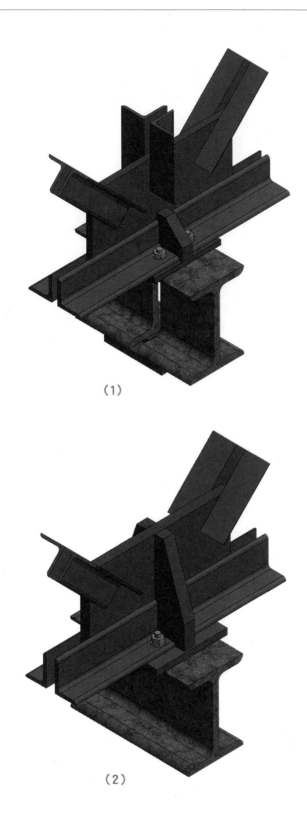

（1）

（2）

悬挂吊车下弦节点

（1）　　　　　　　　　　　　　　（2）

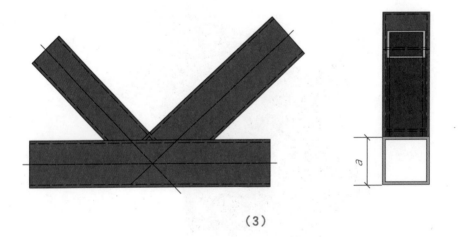

（3）

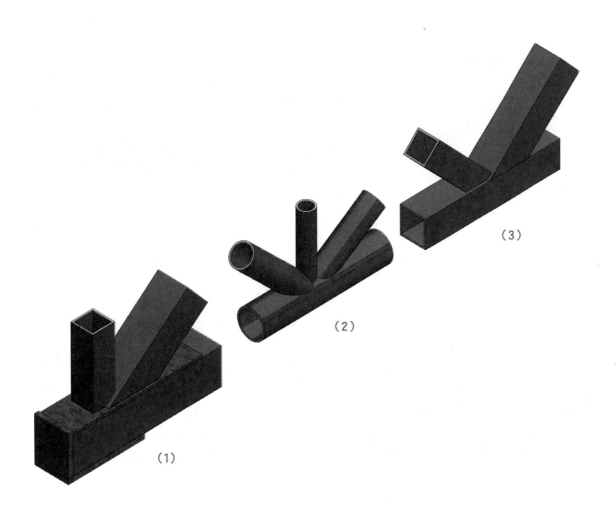

(1)

(2)

(3)

顶接钢屋架支座节点

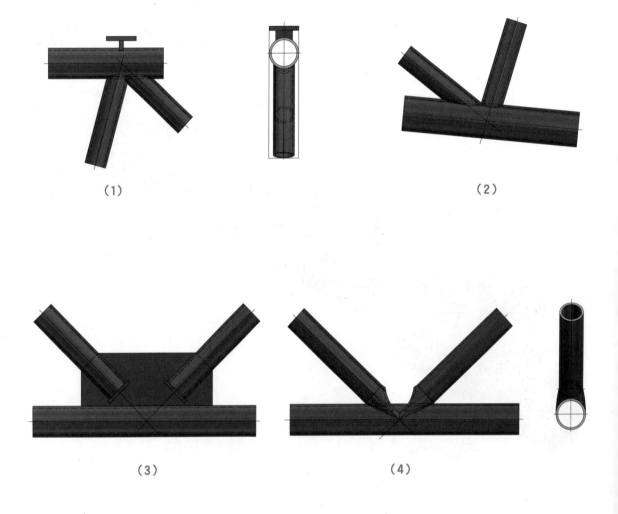

（1）

（2）

（3）

（4）

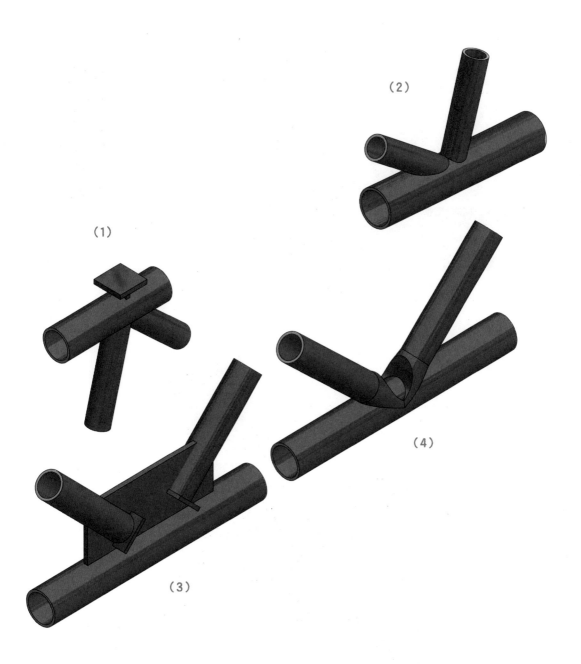

（2）

（1）

（3）

（4）

圆钢管屋架中间节点

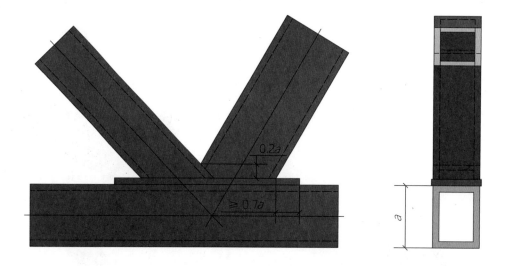

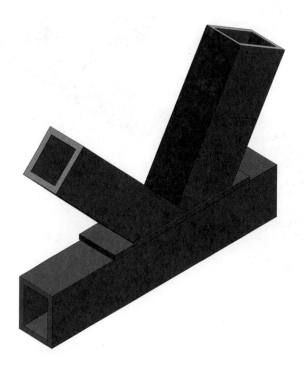

垫板焊接钢屋架节点

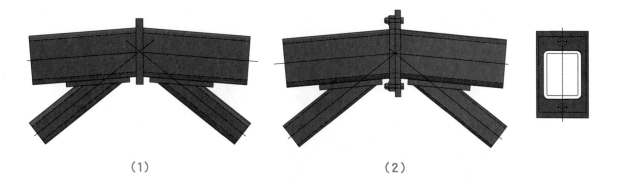

（1）   （2）

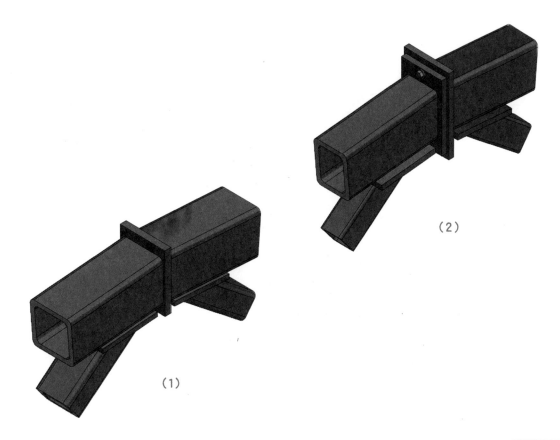

（2）

（1）

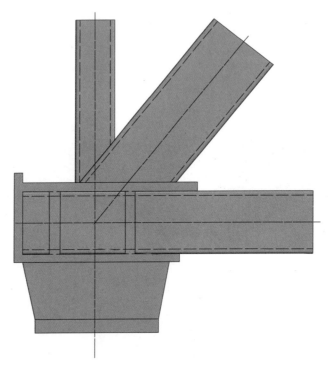

（1）顶接式屋架支座节点

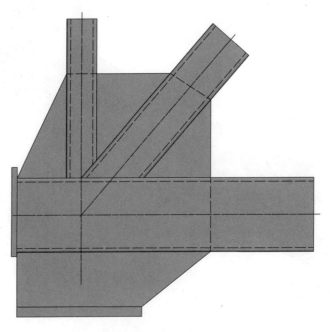

（2）插接式屋架支座节点

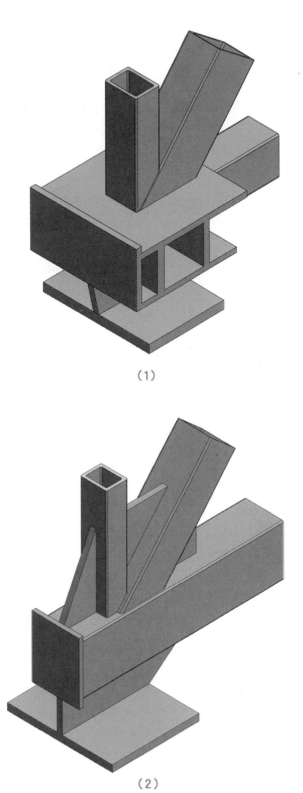

（1）

（2）

屋架支座节点

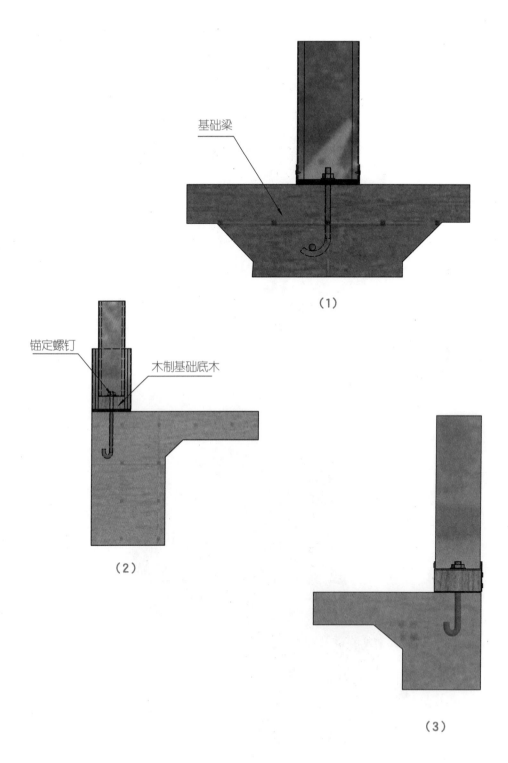

基础梁

锚定螺钉

木制基础底木

（1）

（2）

（3）

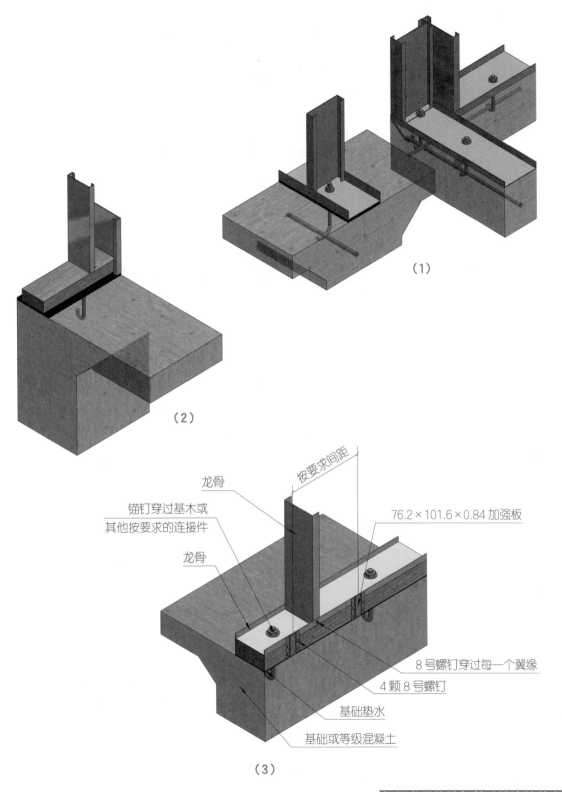

（1）

（2）

龙骨

锚钉穿过基木或
其他按要求的连接件

龙骨

按要求间距

76.2×101.6×0.84 加强板

8 号螺钉穿过每一个翼缘

4 颗 8 号螺钉

基础垫水

基础或等级混凝土

（3）

轻钢龙骨构件与基础的连接节点

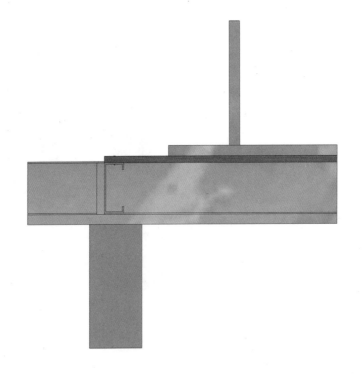

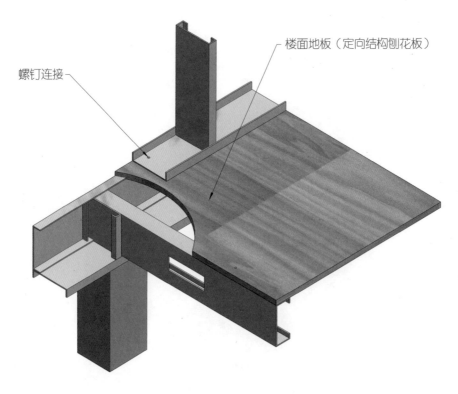

楼面地板（定向结构刨花板）

螺钉连接

木柱与基础锚固和柱脚防潮节点

12

地下人防工程构造设计

12.1 内部防水构造节点

 排水盲沟节点

 贴壁式衬砌排水构造

12.2 人防工程构造节点

 防护密闭门节点

钢管穿墙节点

水管穿墙节点

洗消污水集水坑结构节点

电管穿墙节点

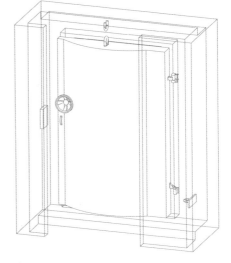

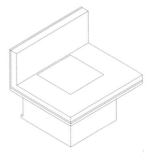

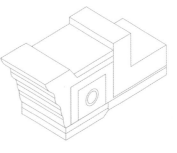

12.1

内部防水构造节点

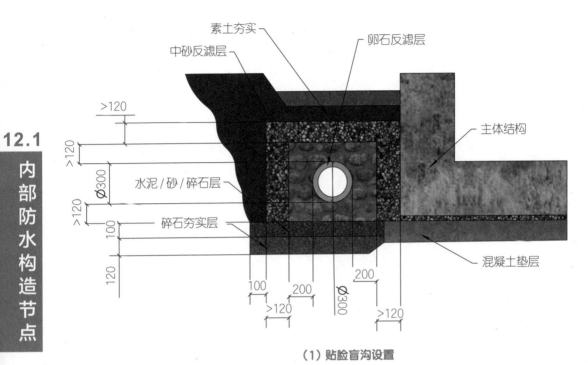

素土夯实

中砂反滤层

卵石反滤层

主体结构

>120

>120

Ø300

水泥／砂／碎石层

碎石夯实层

混凝土垫层

100

120

100

200

Ø300

>120

>120

（1）贴脸盲沟设置

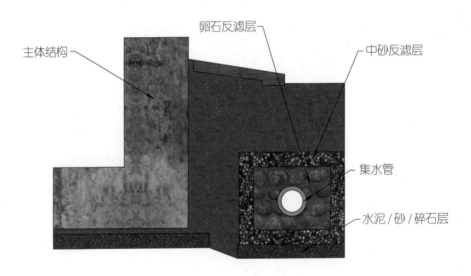

卵石反滤层

主体结构

中砂反滤层

集水管

水泥／砂／碎石层

（2）离墙盲沟设置

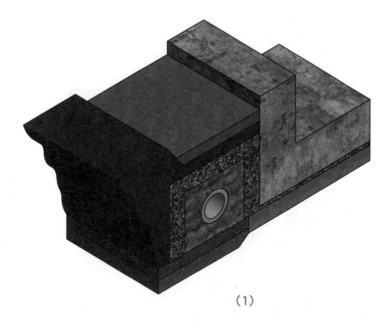

（1）

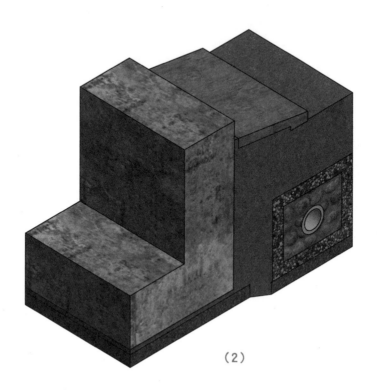

（2）

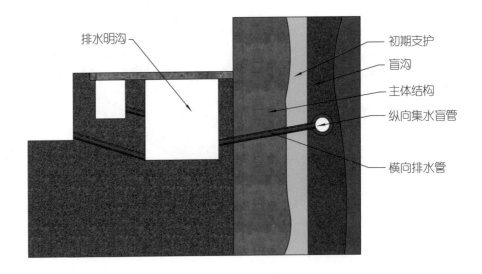

排水明沟

初期支护

盲沟

主体结构

纵向集水盲管

横向排水管

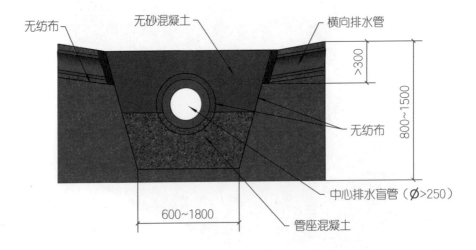

无纺布

无砂混凝土

横向排水管

>300

800~1500

无纺布

中心排水盲管（∅>250）

管座混凝土

600~1800

贴壁式衬砌排水构造节点

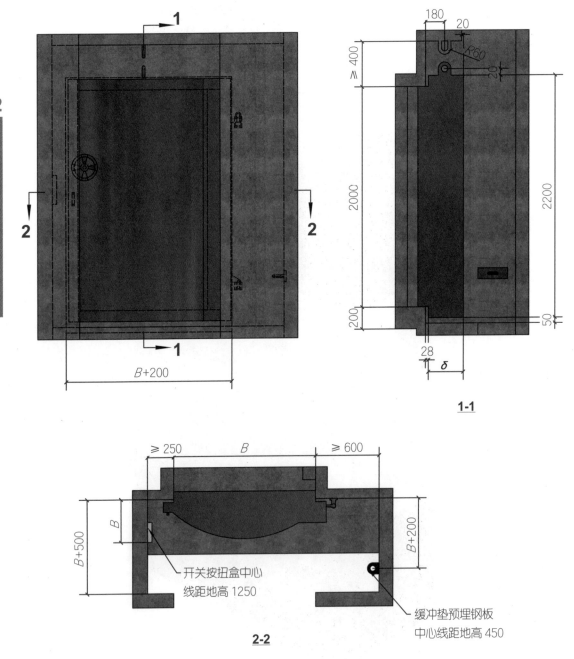

1-1

2-2

开关按扭盒中心
线距地高 1250

缓冲垫预埋钢板
中心线距地高 450

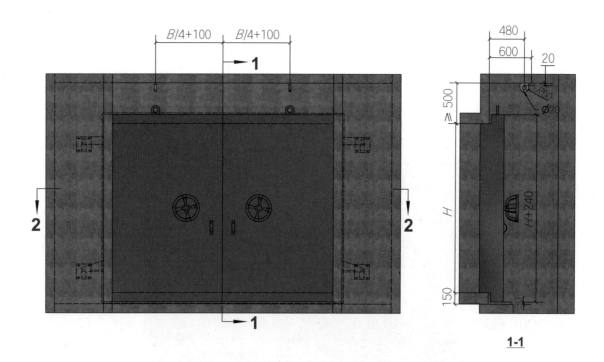

1-1

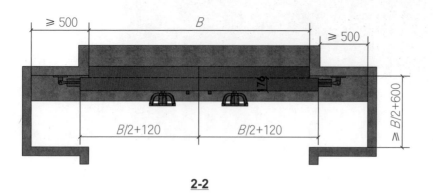

2-2

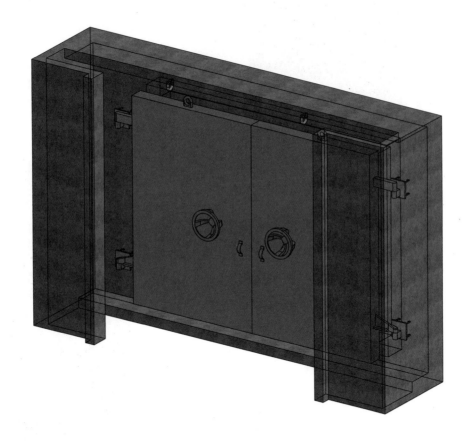

防护密闭门节点

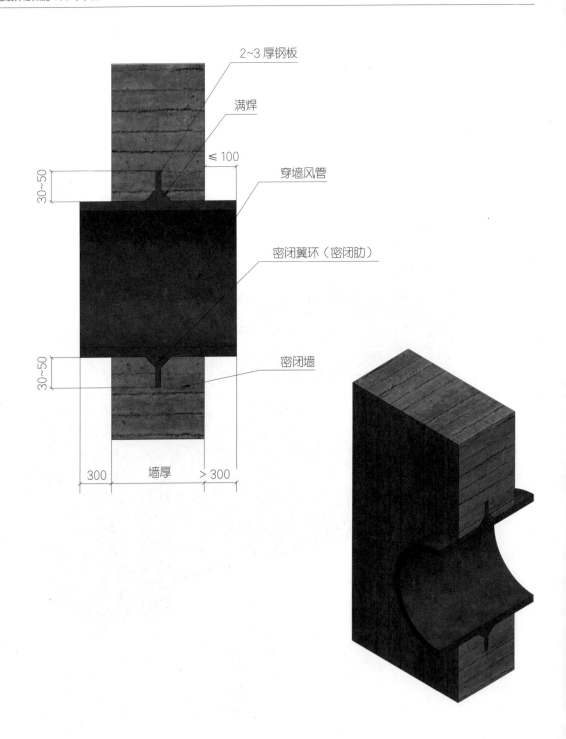

2~3 厚钢板

满焊

穿墙风管

密闭翼环（密闭肋）

密闭墙

≤ 100

30~50

30~50

300　墙厚　> 300

▲说明：风管为成品件，为不锈钢或镀锌铁皮材质，断面有圆形和矩形，构配件有管接头、风机基础、穿墙套管和吊挂件等。

风管穿墙节点

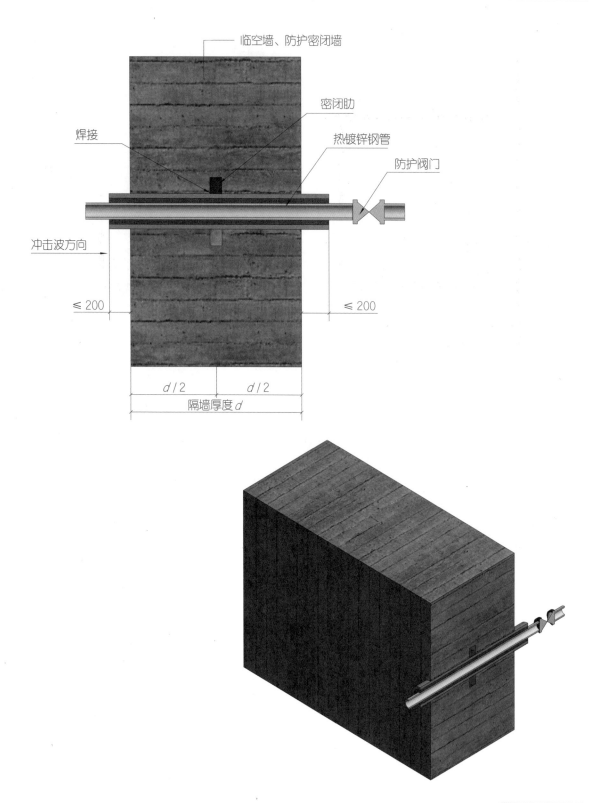

水管穿墙节点

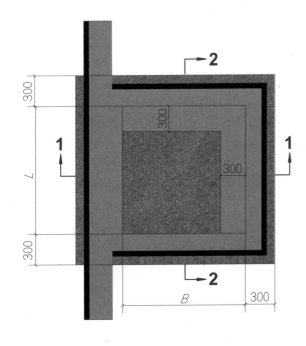

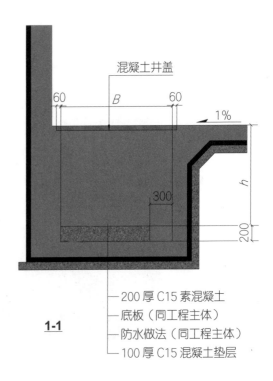

混凝土井盖

1-1

— 200 厚 C15 素混凝土
— 底板（同工程主体）
— 防水做法（同工程主体）
— 100 厚 C15 混凝土垫层

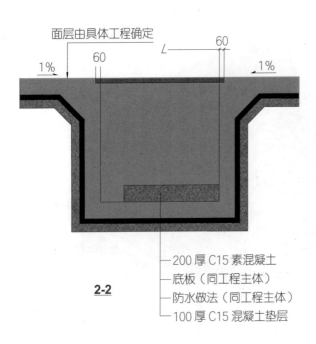

面层由具体工程确定

2-2

— 200 厚 C15 素混凝土
— 底板（同工程主体）
— 防水做法（同工程主体）
— 100 厚 C15 混凝土垫层

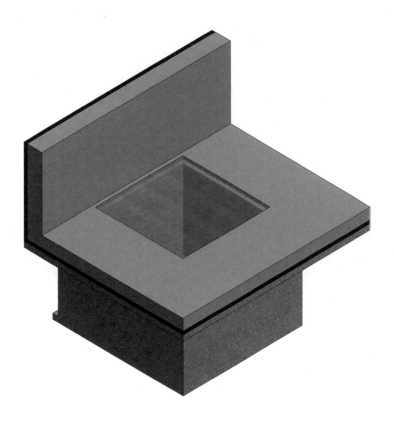

洗消污水集水坑结构节点

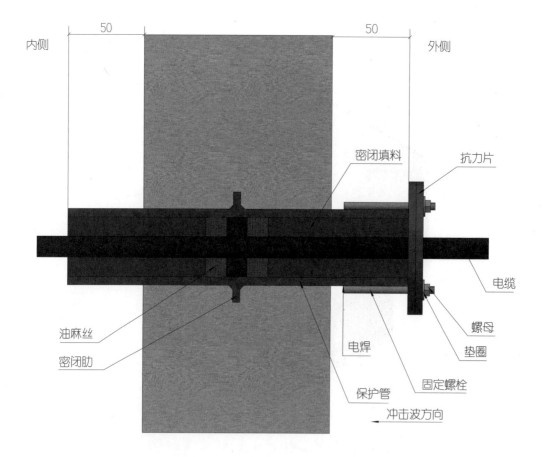

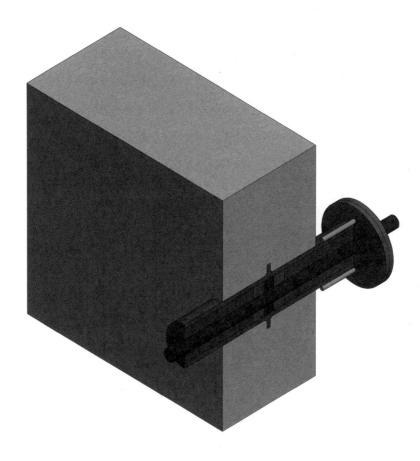

电管穿墙节点